这本书让你免于情绪伤害

情绪急救

应对各种日常心理问题的策略和方法

牧之◎著

江西美术出版社
JIANGXI FINE ARTS PUBLISHING HOUSE

图书在版编目（CIP）数据

情绪急救 / 牧之著 . -- 南昌：江西美术出版社，
2017.5（2018.12 重印）
　　ISBN 978-7-5480-4124-5

　　Ⅰ.①情… Ⅱ.①牧… Ⅲ.①女性－情商－通俗读物
Ⅳ.① B842.6-49

中国版本图书馆 CIP 数据核字（2017）第 033476 号

出 品 人：周建森
企　　划：北京江美长风文化传播有限公司
策　　划：北京兴盛乐书刊发行有限责任公司
责任编辑：王国栋　朱鲁巍　宗丽珍　康紫苏
版式设计：刘　艳
责任印制：谭　勋

情绪急救

作　　者：牧　之

出　　版：江西美术出版社
社　　址：南昌市子安路 66 号江美大厦
网　　址：http://www.jxfinearts.com
电子信箱：jxms@jxfinearts.com
电　　话：010-82293750　　0791-86566124
邮　　编：330025
经　　销：全国新华书店
印　　刷：保定市西城胶印有限公司
版　　次：2017 年 5 月第 1 版
印　　次：2018 年 12 月第 2 次印刷
开　　本：880mm×1280mm　1/32
印　　张：7
ＩＳＢＮ：978-7-5480-4124-5
定　　价：26.80 元

前　言

有人喜极而泣，有人自怨自艾，有人乐极生悲，有人自杀绝望，原因何在？

失控，情绪的失控！所有失控的行为，都可以归结为情绪这个罪魁。

高空走钢丝的表演人员，为什么走钢丝时手里需要拿着长长的棍子？——平衡、掌控！棍子是起稳定作用的，是用来调控身体平衡的。走钢丝需要棍子来调节身体平衡，确保平稳地走过钢丝，到达安全的一端。走我们的人生路时，如果事业挫折、心情不畅、朋友疏离、家庭不和，该怎么办，是否也有一根调控所有的"棍子"？

生活上的不如意时时在上演。

你兢兢业业却总不能得到提升，你是忍气吞声，还是据理力争或者干脆炒老板鱿鱼？

小两口总因为一些小事无休止地争吵，是应该彼此先冷静

下来，想想责任与尊重，还是偏要分个清清楚楚、明明白白？

你苦口婆心教育孩子，可孩子就是不听话，还和你顶撞，你是保持心平气和，还是暴跳如雷，甚至拳脚相加？

……

所有的不公平、不如意，都可能让人失控，甚至抓狂，为什么？这都是为什么？你会千万次地问自己。

成功者都是成熟持重者。他们懂得控制自我，在诱惑、欲望、困难面前时刻能够清醒地保持成功者应有的自控力。而那些经不起考验的人，往往因为一时的心绪迷乱，而走上最可怕的"失控"之路。

每一个社会都有其阴暗的角落，真正的乌托邦是不存在的。如果你能在被人诱惑和自己精神颓废抑郁不振时走出心理的阴霾，如果你能在生活困苦、经济拮据，情绪低下的情况下，仍然能够拒绝他人"邀请"你一起做违法勾当的勾引，理智判断，你就能让你的人生永远没有牢狱之灾和犯罪的污点。人生最可怕的就是"失控"，不能控制自己，就会跌入"失控"的深渊，万劫不复。所以，我们一定要学会控制自己的情绪。

人人都会有情绪，但是，若想成为人生战场上的常胜将军，你就得学会好好控制它。心态可以决定命运，情绪可以左右生活。早上起来，先给自己一个笑脸，你一天都会有好心情；好情绪会成就一段幸福姻缘；好情绪会让人生充满欢声笑语。如何管理好自己的情绪，如何疏导和激发情绪，如何利用情绪的自我调节来改善与他人的关系，是我们人生的必修课。

《情绪急救》一书针对大家工作和生活中经常出现的情绪问题，进行了归纳，总结出了人们面对批评、打压、烦恼、羞辱、欺骗、伤害、紧张、嫉妒等问题时该如何调节，如何避免，以轻松、愉悦的心情面对，从而能更轻松地工作与生活。本书实用性较强，既有案例故事分享，又有具体解决方法，愿每一位读过此书的人都能从中获益！

目 录

第三章　嫉妒：心胸开阔，增强自信

第四章　批评：有则改之，无则加勉

第五章 打压：积蓄能量，坚定超越

第六章 烦恼：学会解忧，化解自己的烦恼

第七章　羞辱一笑而过，化羞辱为动力

第八章　欺骗：获得一个重新选择的机会

第九章　紧张：调整自己，努力克服

第十章 空虚：忙碌起来，充实自己

第一章
谁都有情绪：可以有情绪，但不要被左右

　　情绪人皆有之，不是让你没有情绪，让你学会调节、掌控自己的情绪。无论是在工作还是生活中，愉快、欢喜、伤心、愤怒都会陪伴在我们的左右，很多人已经习惯了它们的存在，但却不能控制它们，甚至经常受它们控制。掌控并利用好情绪，是平衡人生的有利保障。

关键词

　　情绪　调节　掌控　左右

你的情绪失控了吗

面对各种机会、诱惑、困境、烦恼的时候，要想把握自己，就必须控制自己的思想，必须对思想中产生的各种情绪保持警觉，并且视其对心态的影响是好是坏而接受或拒绝。乐观会增强你的信心和弹性，而仇恨会使你失去宽容和正义感。如果无法控制自己的情绪，将会因为不时的情绪冲动而受害。

情绪是人对事物的一种最浅、最直观、最不动脑筋的情感反应。它往往只从维护情感主体的自尊和利益出发，不对事物做智谋上的考虑，这样会使自己处在很不利的位置，为他人所利用。本来，情感离智谋就已距离很远了，情绪更是情感的最表面部分，最浮躁部分。以情绪做事，哪里会有理智？不理智，能够获胜吗？显然是不可能的。

人们在工作、生活中，常常依从情绪的摆布，头脑一发热（情绪化最典型的表现），什么蠢事都愿意做，什么蠢事都干得出来。比如，因一句无甚利害的谈话，我们便可能与人打斗，甚至拼命；又如，我们因别人给我们的一点假仁假义，而心肠顿软，大犯根本错误；我们可以举出很多因情绪的浮躁、简单、不理智等而犯的过错，大则失国失天下，小则误人误己误事。事后冷静下来，自己也会感到其实可以不必那样。这都是因为情绪的躁动和亢奋，蒙蔽了人的心智所为。

仇恨会使你失去宽容和正义感。如果你无法控制自己的情绪，你将为此付出代价。

《三国演义》中的刘备怒气难抑，率兵讨伐东吴，结果被火烧连营，导致惨败。第四次中东战争中，以色列第190装甲旅旅长阿萨夫·亚古里与埃及军队第二步兵师先头部队遭遇时，因三次进攻均未成功，便恼羞成怒，孤注一掷把剩余的85辆坦克全部投入战场，结果中计惨败，使85辆坦克在3分钟内毁于一旦。这样的例子古今中外不胜枚举。

一般心性敏感的人，头脑简单的人，年轻的人，常受情绪支配，头脑容易发热。问一问你自己，你爱头脑发热吗？你爱情绪冲动吗？检查一下你自己曾经因此做过哪些错事，犯傻的事，以警示自己。

记住，做人不能太情绪化。

不善于驾驭情感不仅会伤身伤心，还会使人远离真理，成为别人操纵的对象。

聪明人如果不善于驾驭自己的情感，则在情感失控的情形下，比普通人更危险一些。正如美国先哲爱默生所言："聪明人比庸人更懂得避免祸事；但在冲动的时候，聪明人吃的亏

比庸人更大。"不会冲动的人是死人，一个只会冲动的人是蠢人，一个能驾驭自己的情感，做到尽量不冲动做事的人是真正聪明的人。所以，你要想真正发挥自己的潜能，就要学习运用理智的原则驾驭情感、控制情绪。

能否理智地驾驭自己的情感，是一个人是否走向心智成熟的重要标志。感情用事者不仅会远离成功，还会因为自己的不成熟给别人带去伤害、给自己招来祸端。

能否理智地驾驭自己的情感，还是区分强者与弱者的方法之一。真正的弱者不在于战胜不了别人，而在于战胜不了自己。他们或多或少地充当着情感的奴隶、受着情感的驱使，少有克制自己的勇气和信心。真正的强者都是驾驭情感的高手，他们控制情感冲动和内心欲望的过程也正是战胜自我、超越自我的过程，而战胜了自我的人大多是生活中的强者。

所以，如果愤怒之时，你能冰释掉心中的火焰；消沉之时你能寻回奋斗的力量；无聊之时你能够将时间用于有意义的忙碌；空虚之时，你能够充实自我；懦弱之时，你能够找回信心，扬帆起程……那么，孤独、忧心、失望、丧气、沉沦永远不能搅扰你。

东边是光明的彼岸，你扬帆向东；西边是成功的港口，你挥桨朝西，如此。你不为强者，谁为强者？

你的情绪健康吗

对于情绪，我们可以有很多具体的词语来描绘，例如将情绪描绘成愉快的或不愉快的，高兴的和不高兴的，满意的和不满意的，温和的和强烈的，短暂的和持久的等。由于这些分类的依据较多，所以讲解的时候十分不方便。为了陈述的方便，我们可以将情绪简单地分为消极的情绪和积极的情绪。人的情绪总是从兴奋到抑制，从抑制再到兴奋，往复循环。一个人的情绪不可能一直处于低潮，也不可能一直高涨。从心理学

痛苦中的男人

家的研究中，我们可以发现，一般人的情绪变化呈现周期性的规律。

英国医生费里斯和德国心理学家斯沃博特同时发现了一个奇怪的现象：有一些病人因头痛、精神疲倦等，每隔23天或28天就来治疗一次。于是他们就将23天称为"体力定律"，28天称为"情绪定律"。20年后，特里舍尔发现学生的智力是以33天为周期进行变化的，于是他就将其称为"智力定律"。后来，人们就将"体力定律""智力定律"和"情绪定律"总称为生物三节律。

一个人从出生之日起，到离开世界为止，生物三节律自始至终没有丝毫变化，而且不受任何后天影响。三种节律都有自己的高潮期、低潮期和临界日。以情绪为例，在高潮期内，人的精力充沛、心情愉快，一切活动都被愉悦的心境所笼罩；在临界日内，自我感觉特别不好，健康水平下降，心情烦躁，容易莫名其妙地发火，在活动中容易发生事故；而在低潮期内，情绪低落，反应迟钝，一切活动都被一种抑郁的心境所笼罩。

在很多心理学家的报告中，我们都能看到情绪周期的描述，有的人说是28天，有的人得到的结论是5个星期。不管怎样，我们可以大致得到这样的一个概念：人类，作为有自然性的动物，存在着情绪上的周期变化。因此，你可以通过有意识记录的方式来确定自己的情绪变化，由此可以提前预测自己的情绪变化，避免因为情绪的变化而影响你的学习和生活。

另外，你可以通过情绪控制训练的方法来尽可能控制消极情绪或将消极情绪尽快转化为积极情绪。因为消极的情绪可以给人带来较大的伤害。

首先，健康的积极情绪有利于人的身体健康，而消极情绪则会给人的机体带来损害。心理学家做过这样的实验：设法收集人在生气时呼出的气体，然后将这些气体溶于水中，将溶液注射到小白鼠的体内，发现小白鼠在一段时间后死亡。这种和香烟有害的实验相类似的结果告诉我们，人在生气的时候，体内的免疫细胞的活性下降，人体抵御病毒侵害的能力减弱，因此容易受到病毒的侵入，导致疾病；人情绪不好的时候，体内还会分泌出一种毒性的荷尔蒙，这种荷尔蒙聚积起来，会形成和漂白粉一样的分子结构，对人体产生不利的影响。时间一长，人容易患上慢性病甚至癌症。

其次，情绪会干扰人的理性判断。人在理性判断的时候，容易受到情绪的干扰。

最后，情绪具有感染性。正是因为消极情绪对人的影响极大，所以我们应该学会如何控制消极情绪，并尽可能地将之转化为积极情绪。

情绪左右你的认知行为

研究表明，强烈的情绪反应会骤然阻断人们的正常思维，持久而炽热的情绪则能激发人们无限的潜能去完成某些工作。

生活中你一定会有这样的体验：在情绪好、心情爽的时候，思路开阔、思维敏捷，学习和工作效率高；而在情绪低沉、心情抑郁的时候，则思路阻塞、操作迟缓，学习工作效率低。这就是情绪的内在功力，也就是说，情绪的力量会左右人的认知和行为，具体表现在以下几方面：

1. 影响人的心理动机

情绪能够影响人的心理动机，可以激励人的行为，改变人的行为效率。积极的情绪可以提高人们的行为效率，加强心理动机；消极的情绪则会阻碍降低人的行为效率，减弱心理动机。一定的情绪兴奋度能使人的身心处于最佳活动状态，发挥最高的行为效率。这个最佳兴奋度因人而异。

2. 影响人的智力活动

情绪对人的记忆和思维活动有明显的影响。例如，人们往往更容易记住那些自己喜欢的事物，而对不喜欢的东西记起来则比较吃力；人在高兴时思维会很敏捷，思路也很开阔，而悲观抑郁时会感到思维迟钝。

3. 影响人际信息交流

情绪不仅仅存在于一个人的内心，它还可以在人与人之间进行传递，而成为人际信息交流的一种重要形式和手段。

人的情绪通常伴有一定的外部表现，主要有面部表情、身体动作和言语声调变化三种形式。比如，人们高兴时眉开眼笑，手舞足蹈，讲起话来神采飞扬；发怒时横眉立目，握紧拳头，大声吼叫；悲哀、悔恨、失望时则语言哽咽、顿足捶胸、垂头丧气……所有这一切都是一种具有特定意义的信号，可以传达给别人并引起他人的反馈。人们通过细微甚至难以觉察的情绪信号来彼此传递和获取信息——这种信息有时是难以用言语来直接表达的——并在此基础上进行下一步的交流。

如何调适不良情绪

1. 人的不良情绪的分类

人的不良情绪主要有两种：

（1）过度的情绪反应，是指情绪反应过分强烈，如狂喜、暴怒、悲恸欲绝、激动不已等，超过了一定的限度；

（2）持久的消极情绪，是指人在引起悲、忧、恐、惊、怒等消极情绪的因素消失后，仍长时间沉浸在消极状态中不能自拔。

2. 不良情绪的危害

（1）心理危害。不良情绪与心理问题及疾病大多有着密切的关系。过度的情绪反应，会抑制大脑皮层的高级智力活动，打破大脑皮层的兴奋和抑制之间的平衡，使人的意识范围变得狭窄，削弱正常的判断力和自制力，甚至有可能使人精神错乱、神志不清、行为失常；持久性的消极情绪，常常会使人的大脑机能严重失调，从而导致诸如焦虑症、抑郁症、强迫症、神经衰弱等各种神经症和精神病。

（2）生理危害。不良情绪还可严重损害人的生理健康。我国古代医学中很早就有关于不良情绪影响人的生理功能的论述，如"内伤七情""喜伤心，怒伤肝，忧伤肺，思伤脾，恐伤肾"等。

①不良情绪会影响消化系统功能。如人在恐惧或悲哀时，容易胃黏膜变白、胃酸停止分泌，发生消化不良；在焦虑、愤怒、仇恨时，胃黏膜充血、胃酸分泌增多，容易发生胃溃疡。

②强烈或长久的消极情绪会造成心血管机能紊乱，引起心律不齐、心绞痛、高血压和冠心病，严重时还可导致脑栓塞或心肌梗塞，以致危及生命。

③不良的情绪会影响内分泌系统，导致内分泌失调，使皮肤灰暗无光，在女性身上还表现为月经不调，甚至发生闭经。

④长期消极情绪会损害免疫系统，造成人体抗病能力下降。

⑤消极的情绪还会引起肌肉收缩甚至引发痉挛疼痛。

3. 不良情绪的调整方法

（1）自我激励法。在遇到困难、挫折、打击、逆境而痛苦时，用坚定的信念、伟人的言行、生活中的榜样和哲理来安慰自己，鼓励自己同逆境和痛苦进行斗争。自我激励是人们精神活动的动力源泉之一。例如，我们所熟知的张海迪，在奋斗的历程中承受着常人难以想象的痛苦与压力，而每当这时候，她总是以保尔、吴运铎等英雄为榜样，激励自己战胜病残，坚强地继续生活。

（2）宣泄法。情绪的宣泄是平衡心理、保持和增进心理健康的重要方法。不良情绪来临时，我们不应一味控制与压抑，还要懂得适当的宣泄。当生气和愤怒时，可以到空旷的地方去大喊几声，或者像屠格涅夫一样"在开口前把舌头在嘴里转上十圈，怒气也就减了一半"，或者进行比较剧烈的体育活动，如跑两圈、扔铅球，等等。当过度痛苦和悲伤时，放声痛哭比强忍眼泪要好。研究证明，情绪性的眼泪和别的眼泪不同，它含有一种有毒生物化学物质，会引起血压升高、心跳加快和消化不良等不良症状。通过流泪，把这些物质排出体外，对身体有利。尤其是在亲人和挚友面前痛哭流涕，是一种真实感情的宣泄，哭过之后痛苦和悲伤就会减轻许多。

一位百岁老人的经验不妨借鉴一下。产生不良情绪时，他有调节的妙招：①坚决不去想烦心事；②和童真的小孩们一块玩耍；③照镜子，看看自己生气的样子是不是很难看，然后努力拿出笑容，看看是不是很悦目。

（3）语言暗示法。语言是人类独有的高级心理功能，是人们交流思想和彼此影响的工具。语言的暗示对人的心理乃至行为会产生奇妙的作用。在被不良情绪所压抑的时候，可以通过语言的暗示作用，来调整和放松心理上的紧张状态，使不良情绪得以缓解。比如，在发怒的时候，就重述一下达尔文的名言："人要是发脾气就等于在人类进步的阶梯上倒退了一步。愤怒是以愚蠢开始，以后悔告终。"或者用自编的语言暗示自

伤心的女人

己，如"不要发怒""别做蠢事，发怒是无能的表现""发怒会把事情办坏的""发怒既伤自己，又伤别人，还于事无补"。还可以在家中或单位悬挂字幅暗示自己，例如禁烟英雄林则徐，为了控制自己的暴躁脾气，便在中堂挂了上书"制怒"的大字幅，随时提醒自己。在忧愁满腹时，则可以提醒自己"忧愁没有用，要面对现实，想出解决办法"，等等。在松弛平静、排除杂念、专心致志的情况下，进行这种自我暗示，往往对情绪的好转有明显的作用。

（4）创造欢乐法。情绪不佳时，要积极创造快乐、酿造笑容。笑，能瞬间击溃所有的烦恼，调解精神，促进身体健康。有关专家研究认为，笑有十大好处：①清洁呼吸道；②增加肺活量；③抒发健康的感情；④消除神经紧张；⑤使肌肉放松；⑥释放过剩精力；⑦驱散愁闷；⑧减轻精神压力；⑨克服羞怯情绪、困窘的感觉及各种烦恼，有助于人际交往；⑩使人忘记不幸，向往未来。

（5）景色调节法。情绪不佳时，千万不要一个人关在屋子里生闷气，要到景色怡人的大自然中走一走，比如环境优美、空气宜人的花园、郊外，甚至是农村的田园小路，能宽广胸怀、愉悦身心、陶冶情操，能有效调节人的心理状态。尤其是长期处于紧张工作状态的人，最好定期到大自然中去放松一下。

（6）求助他人法。培根说过："如果把你的苦恼与朋友分担，你就剩下一半的苦恼了。"不良情绪仅靠自己调节是不

够的，还需要他人的疏导。人的情绪受到压抑时，应把心中的苦恼倾诉出来，如果长时间地强行压抑不良情绪的外露，就会给人的身心健康带来伤害。特别是性格内向的人，光靠自我控制、自我调节还远远不够，可以找一个亲人、好友或可以信赖的人倾诉自己的苦恼，求得别人的帮助和指点。在很多情况下，一个人对问题的认识往往是有限的，甚至是模糊的，旁人点拨几句，会使你茅塞顿开。这时人家即使不发表意见，仅是静静地听你说，也会使你得到很大的满足。别人的理解、关怀、同情和鼓励，更是心理上的极大安慰，尤其是遇到人生的不幸或严重的疾病，更需要别人的开导和安慰。将自己的忧愁和烦恼倾诉出来，不但会保持愉快的情绪，而且会增进人际交往，令你感觉到自己生活在爱的怀抱中。

防止不良情绪的传染

　　一位女士有一天搭乘公共汽车，她半边身子还在外面，司机就关上了车门，结果夹住了她的一条腿。还没等女士发火，司机倒先急了："你怎么这么慢！"差点没把女士气晕。后来发现，这个司机早就不知跟谁生了半天气了，车子猛开猛停，搞得一车人东倒西歪，跟着倒霉。司机一个人闹情绪害苦了一车人，而使坏情绪传染开来。女士憋着一肚子火下车后，一个发小报的人凑上来，还没等说啥，女士就大吼起来："滚！"
那人惊异地盯着她，周围路人也都纷纷侧目。她立刻感觉到一
向文雅的自己失态了，不由得加快脚步，逃离别人的注视，心
里恨死了刚才那个司机。

晚上回家时，女士的脸仍然拉得很长，看丈夫怎么都不顺
眼，说东说西，丈夫憋不住了，于是家庭战争爆发。

从上面这个例子可见，不良情绪是可以传染的。那个司机
把不良情绪带上了车，传染给了车上的人，车上的人又传染给
了路人，最后还传到了家里，导致家庭矛盾。现代社会，人们
工作压力大、生活节奏快，心理变得十分脆弱、抑郁，并且难
以找到正常宣泄不良情绪的场所，所以常常乱放"火炮"。如
果任自己的不佳情绪肆意扩散，轻者搞得家庭里气氛沉闷，重
者可使人们周围的小环境受到污染，搞得身边的每个人都觉得
难受。这就像一个圆圈，以最先情绪不佳者为中心，向四周荡
漾开去，这就是常被人们所忽视的"情绪污染"。

不佳情绪在家庭成员之间尤其容易互相传染。在一个大家庭
中，主要家庭成员，如父母的情绪暗示性大，而非主要成员，如
幼儿则相对小一些。假如在一天的开始，家庭某一个成员情绪很
好，或者情绪很坏，其他成员就会受到感染，产生相应的情绪反
应，于是就形成了愉快、轻松或者沉闷、压抑的家庭氛围。

前面已经提到，不良情绪对人的身心危害很大，因此，我
们应该像重视和防治环境污染一样，重视和防治情绪污染。

1. 防止家庭情绪污染

有些人在外面受了气，喜欢回到家中对家人发泄，这是很不当的做法，会造成家庭情绪污染。有烦恼可以拿出来和家人一起分析、讨论，得到来自家人的宽慰和劝解，不仅能增进家人之间的感情交流，还能化解自己的不良情绪，何必非要拿家人撒气，搞得一家子不痛快呢？

2. 学会稳定自己的情绪

情绪低落时，要有忍耐和克制力，要学会情绪转移，把注意力转移到使人高兴的事情上来，尽量把不良情绪化解掉，如搞娱乐活动、体育锻炼、加倍工作等。还可以寻找发泄渠道或找知心朋友一吐为快。不要将情绪带到公共场所，那样害人又害己。

总之，我们每个人都应该努力及时消除自己的不良情绪，防止情绪"污染"。最好天天面带微笑，像阳光一样给周围的人带来快乐。

情绪不佳时转移注意力

当你因不愉快的事而情绪不佳时，你不妨试试转移自己的情绪注意力。

转移自己情绪注意力的方法之一：积极参加社会交往活动，培养社交兴趣

人是社会的一员，必须生活在社会群体之中。一个人要逐渐学会理解和关心别人，一旦主动爱别人的能力提高了，就会感到生活在充满爱的世界里。如果一个人有许多知心朋友，就可以取得更多的社会支持，更重要的是可以感受到充足的社会安全感、信任感和激励感，从而增强生活、学习和工作的信心和力量，最大限度地减少心理应激和心理危机感。

一个离群索居、孤芳自赏、生活在社会群体之外的人，是不可能获得心理健康的。

转移自己情绪注意力的方法之二：多找朋友倾诉，以疏泄郁闷情绪

生活和工作中难免会遇到令人不愉快和烦闷的事情，如果有好友听你诉说苦闷，那么压抑的心境就可能得到缓解或减轻，失去平衡的心理可以恢复正常，并且得到来自朋友的情感支持和理解，获得新的思考，增强战胜困难的信心。

还可向自然环境转移，郊游、爬山、游泳或在无人处高声叫喊、痛骂等。也可积极参加各种活动，尤其是将自己的情感以艺术的手段表达出来。

转移自己情绪注意力的方法之三：重视家庭生活，营造一个温馨和谐的家

家庭可以说是整个生活的基础，温暖和谐的家是家庭成员快乐的源泉，事业成功的保证。这样的环境也利于孩子人格的发展。如果夫妻不和、吵架，将会极大地破坏家庭气氛，影响

夫妻的感情及其心理健康，而且也会极大地影响孩子的心灵。可以说不和谐的家庭经常制造心灵的不安与污染，对孩子的教育很不利。

理想的家庭模式，应该是所有成员都能轻松表达意见，相互讨论和协商，共同处理问题，相互给予情感上的支持，团结一致应付困难。每个人都应注重建立和维持一个健全的家庭。社会可以说是个大家庭，一个人如果能很好地适应家庭中的人际关系，就可以很好地在社会中生存。

测试：你是否会被情绪所左右

1. 每个人都会遇到挫折与困难，当你遇到困难的时候，总是想尽一切办法去克服。（　　）

A.不是　　　　B.不一定　　　　C.是的

2. 对新环境的适应能力怎样呢，如果你到了一个新的环境，你会（　　）

A.过的和以前差不多

B.不确定

C.把生活过的和之前不一样

3. 关于目标，你觉得自己一直都是能实现的吗？（　　）

A.不是　　　　B.不一定　　　　C.是的

4.当你看到被关在笼子里一只猛兽，你会很害怕（ ）

A.不是 B.不一定 C.是的

5.有一天，走在大街上，看见你不愿意搭理的人，你会不会避开（ ）

A.有时 B.偶尔 C.很少

6.小学曾经让你很敬佩的老师，现在依然让你很敬佩（ ）

A.不是 B.不一定 C.是的

7.当你在一边很认真地做事时，如果有人在旁边大声喧哗，你会非常愤怒（ ）

A.会因为不能专心而大发雷霆

B.有点介意但也能认真做事，介于A、C之间

C.完全不受干扰，依然可以认真做事

8.你总是会觉得有一些人对你很冷漠或者总是故意躲着你（ ）

A.不是 B.不一定 C.是的

9.你的方向感很强，无论到什么地方，你都能辨别方向（ ）

A.不是 B.不一定 C.是的

10.总感觉自己对别人一百个真心付出，却总是得不到别人的回报（ ）

A.不是 B.不一定 C.是的

11. 你的情绪总是被季节和气候的变化而影响，比如晴天你的心情很好，雾霾你的心情就很压抑（　　　）

A. 不是　　　B. 不一定　　　C. 是的

12. 你对自己所学的知识和技能非常喜欢（　　　）

A. 不是　　　B. 不一定　　　C. 是的

13. 经常做梦，那些生动的梦境会让你睡不好（　　　）

A. 从不　　　B. 偶尔　　　C. 经常

计分：

1　A.0　B.1　C.2

2　A.2　B.1　C.0

3　A.2　B.1　C.0

4　A.0　B.1　C.2

5　A.0　B.1　C.2

6　A.2　B.1　C.0

7　A.2　B.1　C.0

8　A.0　B.1　C.2

9　A.0　B.1　C.2

10　A.0　B.1　C.2

11　A.0　B.1　C.2

12　A.2　B.1　C.0

13　A.0　B.1　C.2

结果：

0—12分：情绪激动

你的情绪很容易受到干扰，你很容易激动，也很容易产生烦恼；生活中遇到的难题你经常无法应对，你的情绪很容易受到环境的影响；不能面对现实，经常会感到很累，感到焦躁，甚至还会失眠等。给你的建议是你要学着控制自己的情绪，让自己不被情绪所左右。

13—16分：情绪基本稳定

你的情绪会有一些小的波动，对于一些小事，你能沉稳面对，也能掌控好自己的情绪，但在大事情上，你的调节能力差一些，情绪波动很大，内心经常惶恐不安。

17—26分：情绪稳定

恭喜你，你是一个很成熟的人，性格很稳重，能够面对生活中的一切大大小小的挫折与困难。遇事也能积极思考，可以说你是一位有勇气，有魅力的人。

安静阅读的女子

第二章

伤害：调整心态，学会保护自己

别总责怪自己为什么容易受伤害，原因出在你自己身上。如果你不给别人留下软弱可欺的印象，如果你不给别人制造能够伤害的把柄，如果你不做引发火灾的火苗，就不会给伤害你的人以可乘之机。当遭遇伤害时，我们要调整心态，学会保护自己。

关键词

穿小鞋　欺负　恶意中伤　造谣　背后捅刀

"滥好人"总被人欺负

人们常说"人善被人欺，马善被人骑"，"马善"是说马温驯，而"人善"指的是除了人温驯、没有反抗的性格之外，还包括热忱、善良、厚道、心软、服从、软弱、畏缩及缺乏主见等。

不过，畏缩及缺乏主见的人可能有硬脾气，虽然是个小人物，但不合他脾气的话，他一样是听不进去，也指挥不动他，这种人反而不一定会被人欺。最易被人欺的，都是有善良及温厚特质的人，也就是"好人"。"好人"因为一切与人为善，不争不抢，不使手段，不会拒绝别人，因此反而常被利用。

好人要做，但你一定要有自己的原则，因为一味地容忍只会换来别人对你更大的伤害。"好人"是应该受到尊重和保护的，但是在弱肉强食的生物链里，"好人"反而会成为受害者，这实在很悲哀。这样说，相信很多"好人"心有戚戚焉。"好人"应该保持好的特质，没有必要使自己变坏。偶尔吃些小亏也不必过于在乎，权且把它当作做好人的"代价"好了。

"好人"在现实社会中是大家都喜欢的"好人"。因为"好人"不具侵略性，不会伤害到别人，甚至有时还会为了别人而让自己吃亏！这种"好人"岂止是"好"，简直是"伟大"了。

那么做"好人"好还是不好呢？做"好人"或做"坏人"，是由性格所决定，而不是由意志决定；换句话说，有人"性本善"，有人"性本恶"，而受教育及后天生长环境的影响，"性本善"的人有时也会逞现"恶"的一面，而"性本恶"的人有时也会不那么"恶"！性格形成的障碍和弱点，并不是想"改变"就可以"改变"。

做"好人"是性格决定的，想不做都不行，而做"好人"也有其人际关系上的价值。做好人是值得肯定的，但不能做"滥好人"。

所谓"滥好人"就是没有原则、没有主见、不能坚持的"好人"，这种人不知是性格因素，还是有意以"好"去讨别人的欢喜，反正是有求必应，也不管该不该，有时也想坚持，可是别人声音一大，马上就软化下来；因为缺乏原则与坚持，导致是非难分，当事不能解决的时候，便"牺牲"自己来"成全"大家；有时也想"坏"一点，可是离"坏"还有一大段距离，自己就开始自责，检讨自己这样做是不是不应该……

这种"滥好人"得到的效应和"好人"是不同的，"好人"也是有原则的，所以他人在颂赞这"好人"的"好"时，

还带着几分尊敬甚至"畏惧"。但"滥好人"倒不然,他在人际关系上的效应是"不能担大任"的风评,而且别人因为深知他的弱点,甚至会设计他、陷害他,得寸进尺,予取予求,反正他不会反抗,不会拒绝。于是所有人都得到了好处,唯独这个"滥好人"一点好处都没有。

因此,在现实社会的人性丛林里,做"滥好人"实在不宜。"滥好人"只能在家里做,在现实社会的人性丛林里,"滥好人"是不值钱的!

怎样使自己不受人欺负?

1. 确立自己待人处世的原则

人有了原则,自然会有所为,有所不为。比如宁可送人钱,也不借人钱;我不犯人,也不容许人犯我;宁可舍身救人,也不帮助邪佞小人……这都是原则。有了原则,对别人的要求就不会照单全收。但如何坚守原则却也是"好人"的困扰所在,因此还要有拒绝的勇气,如果能拒绝别人几次,别人自然就不敢随便向你提出无理或有害于你的要求。

让人了解你的处世原则,可以采用事前打"预防针"的方式,这样就会在事先封住别人的所求。这种方法是在日常行为当中,适时地"透露"一些自己做事的原则,这样不经意地会给别人一些禁忌,以免一有什么事就找到你的身上。"预防"为主,会让你省却许多麻烦,毕竟开口说"不",对一个好人来说更难一些。

2. 适度的抗议和生气

有些人以欺负"好人"作为生存的手段，因此当你受到不公平的待遇时，要有勇气抗议，但这种抗议必须有气势，不必得理不饶人，要充分表达你的立场。至于生气，也不必闹翻天，但要让对方了解你的立场。一般喜欢捏软柿子欺负好人的人，心都是虚的。因为他不敢去欺负"坏人"，因此你的抗议和生气会产生相当的效果。人性有令人悲哀的一面，那就是欺软怕硬。

那么，应该怎样去表现你的抗议与生气？最重要的就是弄清楚你自己的感觉和看法。比如，有人想左右你对某件事情的反应，请记住你也一样有权利决定自己的反应。你也可以要求别人暂时停止做某些行为。不要为你的要求觉得抱歉，如果这些要求没有马上受到重视，你至少要设法让他知道这种行为让你有多不舒服。

将这些原则变成习惯，你可以避免许多混杂的事情。总之，要不被人欺，就要武装自己；不必去攻击别人，但必须能保护自己。

待人处世的原则要以明辨是非与独立思考的能力做后盾，否则就会拒绝不应拒绝的事，接受不该接受的要求。做好人没有错，但一定注意不要把善良和软弱混为一谈。

为什么受伤的总是你

智者说："挖陷阱的，自己必掉在其中；拆围墙的，必被蛇咬；开凿石头的，必被石头砸伤；砍伐木头的，必被木头砸伤。"就像前文故事中的苏菲和另一个告密者，她们一个是想着除掉得宠的人，抢回自己从前的风头，一个是想通过告密得到奖赏，可没想到，多行不义必自毙，最终成了被陷害者的陪葬品。

玩火者必自焚。搬起石头砸自己的脚。这些都是用来说明坏人做坏事必定会自食其果。当然，坏人有坏人的可恨，受害者有受害者的可悲。

员工小郑刚进公司不久，就遭到女老板的严厉批评，就在他极度郁闷时，一位同事过来安慰了他。出于感谢，晚上两人一起用餐，期间两人聊起了自己的老板。安慰小郑的同事因为在公司待了一段时间，对老板了解的比较多。他说女老板之所以脾气暴躁，说话做事不讲情面，很大一部分原因跟她怀不上孩子有关。小郑因为憋着一肚子火，于是，就说了一些更年期、这么坏难怪怀不上孩子、不会下蛋的母鸡等比较低劣的话。

这事过去不久，小郑因为跟一个大客户签下了一笔大订单拿到了一笔不小的报酬，而那位曾安慰过他的同事却因三个月无业绩被公司炒了鱿鱼。女老板因为能招到一个优秀的员工而

工作中遭人算计之后的无助

很高兴，曾多次在其他员工面前夸赞小郑。然而，奇怪的是，几天后，女老板仅仅因为一件小事就劈头盖脸地将小郑骂了一顿。因为批评是当着众同事的面，男人的自尊，使小郑也爆发了，于是，一场空前绝后的口水战在办公室上演，几乎发展到报警的地步。

"马上滚出去，这是我的公司，再待一分钟我就报警！"女老板的状况已经到了歇斯底里的地步，手里抓着一摞书随时都有可能甩到小郑脸上。

小郑最终打包回家。他知道虽然老板是个没有涵养、不容易克制情绪的人，但这一次的爆发不是她无理取闹，而是事出有因。从两人打口水仗时，老板"我是不会下蛋的母鸡怎么了"这句话他能听出来，被炒鱿鱼的那位同事告发了自己。可是，小郑搞不明白，对方都已经离开了，恨也应该恨女老板才对，为什么要这样对待自己呢？他怎么也想不清楚。

说来，今天的这个苦果，是小郑自己酿下的。天下没有不透风的墙，好事不出门，坏事传千里，如果小郑能管好自己的嘴，不在背后说老板坏话，会有这样的事情发生吗？很多时候，别人之所以陷害你，是因为有机可乘，或者抓住了你的把柄。都说身正不怕影子斜，如果我们走到哪里都能行得正坐得直，那别人怎么能找到陷害你的机会呢？

想想看，很多想要将你从公司赶走的人，他们虎视眈眈，希望你能犯点错，从而给他们添油加醋、将你的小错误说成大罪过的机会，并以整走你为最终目的。这些人都是披着羊皮的狼，你看不穿、认不清他们，还将他们当成好朋友、好同事，可哪里会想到，他们是面前一套，背后一套。你千万不要留下什么把柄在他们手里，否则，他们就会撕下温柔的羊皮，变成凶狠的豺狼，扑向你。

耶稣告诫他的门徒："你们要提防假先知。他们外表驯良如羊，骨子里却像豺狼，凶残成性。"所以，为人处世，我们还得做到光明磊落，尤其混迹职场，更要谨言慎行，同事间最好仅仅是工作上的关系，私人话题，尤其是同事、老板的私事更不能与同事讨论。你一定见识过，你也许仅仅在一些人面前透露了一点点老板的私人事情，可第二天整个办公室都传得沸沸扬扬，并且被传得面目全非。

智者告诉我们，除了自己的亲人，以及自己了解的朋友外，与其他人交往，一定要保持刺猬的距离：一只刺猬正在寒风中瑟瑟发抖，这时又来了一只刺猬，于是，两只刺猬赶紧挤在一起，可是这样身上的刺就会刺到对方；于是两只刺猬抱在了一起，可是这样刺又会刺到自己；想了想，它们平行而卧，稍稍分开的距离既刺不到对方，同时又能为自己避风挡雨。同事间的关系也应如此，不能太亲密，也不能太疏远，刚刚好，谁也伤不到谁最好。

很多时候，你之所以遭人陷害，是因为你自己给了别人挖陷阱的机会。你的言行，你的举动，你的愚钝都有可能成为他人陷害你的条件。所以，千万不要在别人为你挖一口井之前，你提前动土。

怎样才能让自己免于伤害

第一，都说明敌好对付，暗敌难预防。那些背后说你坏话让你名声扫地，玩花招让你被公司扫地出门，打着朋友、爱人的名义让你破产，为了自身利益牺牲你的幸福的人就潜伏在你们身边，在你毫无防备的情况下，让你栽一个大跟头。

害人之心不可有，防人之心不可无。我们并不是想把人性想得多坏，但是不管做坏事的人事后会不会后悔，在他们做一件坏事、挖一口陷阱时，绝对是出于自身利益这么做的。

第二，要有所怀疑。怀疑，并非莫名怀疑一个不相干的人，或者怀疑别人做事的能力。而只是自己与别人挂钩，涉及的事情可能关乎自己的名誉、事业、成败时，我们才去怀疑。这也是我们平常所说的，多长几个心眼。

急救疗法A：吃一堑，长一智，哪里跌倒哪里爬起

职场或生活中遭遇的陷害多数都是对方嫉妒你、垂涎你即

将得到的好处，抑或你的成功会阻碍他的发展，于是暗里明里玩一些花招，让你名誉扫地、人财两空或者事业一败涂地。当然，我们如果经不起别人的陷害，选择轻生那就另当别论了。

只要你活着，就还有机会重新再来。当遭遇别人的陷害，让你破产，老婆（老公）跟你离婚，你的名誉、地位、人品……所有的一切全都败落，你声名狼藉……没有关系，一堵城墙倒塌了，还可以再建一堵。只要你活着，你就有机会证明，你本人并不是遭人陷害后展现在别人眼里的那样一个人。事实上，你有很多优秀的品质，但是现在你说了不算，你只有昂着头端正走路，一如既往地过日子，做任何事情都须小心谨慎，那么，时间会向人们证明你依然是个强者。

玛吉身材好，人漂亮，又很优秀，追求她的男士一大堆。玛吉有个好友叫苏珊，苏珊长相很普通，不过很有个性。虽然追玛吉的男生多到数不过来，但她唯独喜欢一个叫威廉的男生。此男生高高大大，爱好各种体育运动，喜欢独来独往。为他尖叫的女生几乎排成了长队，玛吉对其更是芳心暗许。可是谁会料到，威廉偏偏喜欢上了看他不顺眼的苏珊，并以强而有力的方式，很快征服了对方。虽然，苏珊知道玛吉喜欢威廉，几次想撮合两人，可威廉看上苏珊后就不愿再看别的女生了。

两人相恋不到一星期，突然苏珊与一名陌生男子同床而眠的照片在校园网上传得沸沸扬扬，威廉看得几乎发疯，不但当着食堂所有人的面给了苏珊一巴掌，还当场宣布与其分手。事

实上，那些照片都是玛吉PS的，当时，苏珊经不住玛吉的要求，在对方家里住了一晚，苏珊有裸睡的习惯，两人打打闹闹时，玛吉突然建议两人像情侣那样搂抱着拍张照。谁会想到，这是苏珊名誉扫地、爱情凋零的开始。

苏珊找到玛吉质问，对方却一口否认，并宣布要与苏珊这种烂女人绝交。多重打击几乎让苏珊一病不起。不过，她知道，如果此时选择退学或者逃避，就是在向其他人宣布自己是"畏罪潜逃"，心中有鬼。虽然大多数同学都疏远她，并在背后指指点点，可苏珊抬头挺胸，正常上课，正常吃饭，活得有声有色。有一个深受排挤的小女生问她，为什么像没事一样，苏珊说："我行得端，做得正，心中没有鬼，干吗拿别人的错误惩罚自己！"

玛吉尽管努力接近威廉，但依旧未能得到对方的爱情。因为陷害朋友身败名裂，心中愧疚，加上想得到的爱情又没有得到，心病时时折磨着自己，最终她办了转学手续，偷偷离开了校园。离开后不久，很多人在校园网上看到了一张未PS过的照片——躺在床上的玛吉和苏珊，还有一封忏悔信。苏珊最终为自己昭雪，威廉来找她道歉，她原谅了对方，但没有再给他相爱的机会。不过，尽管她失去了爱情，但是她通过这件事看清了两个人，一个是为了爱情陷害自己的朋友，一个是不愿相信自己的男友。这是一笔丰厚的人生阅历，也是用钱买不到的经验。

玩火的人常常把自己烧了，如果我们真的没有干亏心事，别人再怎么陷害，也总会有昭雪的一天。如果我们真干了亏心事，正好被人利用，那怎么办？其实痛心疾首、呼天抢地已无济于事，唯一能做的补救就是坦然面对这件事情。一度"艳照门"困扰了多少人，可一年不到的时间，大家又开始正常过日子，所有的劣迹早已随着时间被人们忘得差不多了。无论多糟糕的事情，没有人会花时间长久追求，老是放不下的其实是你自己。

为那些已经失去的东西哭泣，除了浪费眼泪、多点郁结外毫无意义。一个地方被彻底堵死，我们可以再凿一个出口。当你某一方的优势足够突出后，你所有的缺点、污点、劣迹都将被优势所覆盖。

急救疗法B：宽恕那些伤害过你的人

我们在受到伤害的时候，最容易产生两种不同的反应：一种是仇恨，一种是宽恕。仇恨的情绪，使人一再地浸泡在痛苦的深渊里。如果仇恨的情绪持续地留在心里，可能会使生活逐渐失去秩序，行为越来越极端，最后一发不可收拾。

而宽恕就不同了。宽恕必须随被伤害的事实，经过从"怨怒伤痛"到"我认了"这样的情绪转折，最后认识到不宽恕的

坏处，从而积极地去思考如何原谅对方。

做人要与人交往，与人交往就难免有利害冲突。当你受挫折或不愉快时，不妨进行一下心理换位，将自己置身于对方境遇中，想想自己会怎么办。通过这样的换位，你也许能理解对方的许多苦衷，正确看待他人给自己带来的挫折或不愉快。

斯宾诺莎说："心不是靠武力征服，而是靠爱和宽容大度征服。"如果一个人能原谅别人的冒犯，就证明他的心灵乃是超越了一切伤害的。做人要心胸开阔，做事要思想开明。何必拿一些小事当真呢？宽恕人家所不能宽恕的，是一种高贵的行为。

一位妇女来向著名作家林清玄哭诉，她的丈夫是多么不懂

难过的女孩

得怜香惜玉，多么横暴无情，哭到后来竟说出这样的话："真希望他早点死，希望他今天就死。"

林清玄听出妇人对丈夫仍有爱意，就对她说："通常我们非常恨、希望他早点死的人，都会活得很长寿，这叫作怨长久；往往我们很爱、希望长相厮守的人，就会早死，这叫作爱别离。"

妇人听了感到愕然。

"因此，你希望丈夫早死，最有效的方法就是拼命去爱他，爱到天妒良缘的地步，他也就活不了了。"林清玄说。

"可是，到那时候我又会舍不得他死了。"妇人疑惑着。

"愈舍不得，他就愈死得快呀！"

妇人笑起来了，好像找到什么武林秘籍，欢喜地离开了。

林清玄为此感叹说："人世间最好的报复是更广大的爱，使仇恨黯然失色的则是无限的宽容。"

复仇从来不能造成"平衡"和"公平"，报复常常使仇恨者和被恨者双方都陷入仇恨越结越深的痛苦深渊中。甘地说得好："要是人人都把'以牙还牙、以眼还眼'当作人生法则，那么整个世界早就乱作一团了。"

一只脚踩扁了紫罗兰，它却把香味留在那脚跟上。宽恕，是通向自由和快乐的捷径。以下几点建议能帮你消除仇恨、宽恕伤害你的人：

第一，找出仇恨情绪的来源。开诚布公地承认你心中的仇恨。从某种意义上来讲，如果你有勇气向他人承认自己心中的

仇恨，那就意味着你走出了宽恕的第一步。

第二，仇恨对事不对人。你可以对别人所做的对不起你的"事"生气，但你不必对得罪你的人"恨之入骨"。

第三，把心胸放开阔些。不必对日常生活中鸡毛蒜皮的小事耿耿于怀。

穿梭于茫茫人海中，面对一个小小的过失，用一个淡淡的微笑，一句轻轻的歉语，来显示对他人的包涵与谅解，这是宽恕；在人的一生中，常常因一件小事、一句不注意的话而被人误解或失去信任，但"人不知而不愠"，以律人之心律己，以恕己之心恕人，这也是宽恕。

宽恕意味着勇敢而不是怯懦。要向自己的仇人做出高姿态是需要不少勇气的，同时，它还需要一颗善良的心。

每个人都该学会用动机和效果统一的观点去衡量人的行为，这样可以减少许多不满情绪的产生，为报复心的萌生断了后路。当他人给你带来伤害时，你应该试着回想自己是否在某时某刻也给别人带来过同样的伤害。如此将心比心，报复的欲念就会慢慢散去，而学会了宽恕对方。

急救疗法C：让传播谣言者自讨没趣

生活中不免有许多"说闲话的人"，这些人的特征是到处闲扯，传播一些无聊的特别是涉及他人隐私的谎言，在背后对他人评头论足。虽说古人早有"谣言止于智者"的忠告，但智者毕竟很少，谣言总是会被传来传去。

爱在背后说别人的坏话，无中生有，制造"八卦"新闻的人，也许只当作玩笑，并无恶意，或者心直口快，但无论怎样都有意无意间对他人造成了伤害。要知道，语言伤害有时会超过人身伤害，因为语言上的伤害是伤了一个人的自尊心。一句侮辱性的语言完全可能毁掉深厚的友情，一句无心的评论很可能破坏了你与同事间的感情。

不要在背后议论别人能够做到，但无法控制别人的嘴巴。对于别人背地里怎样评价自己，应放开眼量和度量，不去追究。至于对诽谤的最好回答，就是无言的蔑视。

黄炎培先生曾经现身说法："人家的毁誉，不必计较。我小时因为穷，为别人鄙视，屡次向人家求婚而被拒绝，直到第六家我已故的王夫人家，先岳父王筱云先生赏识我的文章和楷书，才成全我的婚事。不久在科举场中，我露了头角，贺者盈门，都说早就看出此儿不凡。及后参加革命，遭逮捕，险被杀头，立时声誉骤落，大家又看不起此儿了。适避难归来，稍利事业，乃又受称誉。吾乃大悟，做人做事要时刻力求上进。犹如逆水游鱼，至为艰苦。"

一个人的名声往往容易毁于"人言"，常言说的"人言可畏"就是这个道理。黄炎培先生主张用"不必计较"来对待毁

坏人名声的"人言"，要求人们不必把个人的名声看得过重。

对别人在你面前说另一个人的坏话的行为，你应该端正态度，认真考虑这种事。因为说他人坏话的人，总是有着各种各样的原因，充分地分析讲话者的心理及原因，对做到端正自身大有益处。

当别人对你说第三者的坏话时，无论你是否明白其中的原因，你都必须保证做到一点，那就是"入耳封存"，同时还得充分了解对方，如果发现对方是无缘无故，只是天生有背后说第三者坏话的习惯，那么你就得注意，在以后的应酬中有意识地疏远他。

没有事实根据的"人言"总是"腿短"的，不会长久站住脚，毁人名声的人也许能得逞于一时，但不久定会败露。一个人的品行是有目共睹的，它最有说服力。

测试：恋爱中看看自己容易被什么样的人伤害

1. 如果你的另一半不会穿衣服，带他参加聚会的时候，你会为他搭配衣服

A. 会→2

B. 无所谓→3

C. 不一定→4

2.和朋友泡夜店，另一半来电话说见你，这时你会

A. 不去见他，再跟朋友玩一会儿，但会一直给他发信息→4

B. 即刻去见他→3

C. 让他来接→5

3.和恋人吵架后，你都是主动认错的那个吗

A. 是的→5

B. 不是→6

C. 不一定→4

4.你和他谈恋爱是偷偷进行不愿公开吗

A. 是的→5

B. 不是→6

C. 还好→7

5.长途旅行，你会在上面穿着拖鞋走来走去吗

A. 会→8

B. 不会→6

C. 不知道→7

6.你的心情经常会受环境的影响吗

A. 是的→7

B. 不会→8

C. 不一定→A

7.小时候，你梦想过自己有朝一日成为明星吗

A. 是的→8

B. 不是→9

C. 不记得→10

8. 休假在家时,你会采取哪种休闲方式:

A. 看电视→A

B. 上网→B

C. 睡觉看书或做家务→9

9. 平时,你经常去下面那些地方娱乐

A. 去KTV唱歌→D

B. 泡酒吧→C

C. 玩游戏→A

10. 虽然你很爱他,但你却不会事事都依着他

A. 是的→D

B. 不是→C

C. 不知道→B

结果:

A. 伤害你的人是无赖。你喜欢说理,讲原则讲规矩,而对方却不认同,是个无赖。

B. 伤害你的人比较虚伪做作。你是一个很单纯的女孩,别人一说点好话,你就信了,所以警惕你身边的小人。

C. 伤害你的人是斤斤计较的人。你是一个平时大大咧咧,对什么事儿都不在乎不上心的人。

D. 伤害你的人是恶毒的人。你是一个心性比较纯良的人，即便是你很讨厌的人，你也不会去伤害对方，所以你要提防身边那些恶毒的人。

欢乐的小孩

第三章

嫉妒：心胸开阔，增强自信

培根说："嫉妒能使人得到短暂的快感，也能使不幸更辛酸。"嫉妒是一种复杂的情绪，它认为别人往前走就是自身的后退，于是敬畏、屈辱、自卑、恼怒之情便纷至沓来，撕咬着人的心，当然也有能够正确看待他人比自己优秀的人，奋发努力，最后成功。因此，我们常说，嫉妒是一种力量，可以造就人，也可以毁灭人。

关键词

嫉妒　不满　怨恨　烦恼　恐惧　攀比

具有嫉妒情绪的人的特征

嫉妒总是与不满、怨恨、烦恼、恐惧等消极情绪联系在一起，构成嫉妒这一心理的独特情绪。

不同的嫉妒心理有不同的嫉妒内容，但主要是在四个方面表现得尤为突出，这就是名誉、地位、钱财、爱情。有的还表现为一种综合性的笼统内容，即只要是别人所有的，都在其嫉妒之内。

以下为具体特征：

1. 明显的对抗性

古希腊斯葛多派的哲学家认为："嫉妒是对别人幸运的一种烦恼。"

嫉妒心理的对抗特征具有明显的攻击性，其攻击目的在于颠倒被攻击者的形象。甚至本来关系密切，由于嫉妒使道德天平倾斜。往往不看别人的优点、长处，而总是挑剔别人的毛病，甚至不惜颠倒黑白，弄虚作假。

2. 明确的指向性

嫉妒心理的指向性往往产生于同一时代、同一部门的同一水平的人中间，主要是因为嫉妒心理是一种以极端自私为核心的绝对平均主义者。因为曾经"平起平坐"过，或是曾经"不如自己"过，如今成了"能干"者，使嫉妒者产生抵触和对抗。

3.不断发展的发泄性

一般来说，除了轻微的嫉妒仅表现为内心的怨恨而不付诸行为外，绝大多数的嫉妒心理都伴随着发泄性行为。主要有三种方式：一种是言语上的冷嘲热讽；一种是行为上的冷淡，疏远被嫉妒者；一种是具体行为，或是攻击性强的行为。

4.不易察觉的伪装性

由于社会道德的威力，嫉妒心理为大多数人所不齿，使嫉妒心理一般都不愿直接地表露出来，千方百计地伪装，企图使人不易察觉。如本来是嫉妒某人的某一方面，却不敢直言，故意拐弯抹角地从另一方面进行指责或攻击。

嫉妒产生的根源

嫉妒源于病态竞争，与个体的性格、文化背景、阅历、世界观关系密切。

（1）自我封闭、自卑、自我中心等性格缺陷者容易产生嫉妒。

女人的嫉妒

（2）特定的文化背景影响，如儒家的中庸之道，不患寡而患不均。

（3）不能客观地认识自己，总是认为自己应该是万事超人前，其实这是不可能的，也是不必要的。

（4）角色定位错误，不能自得其所、自得其乐。

（5）胸无大志、无所事事，才会去挑别人的刺。

（6）自我实现受阻时，容易产生嫉妒心理。

嫉妒的产生是因为人的公平心理。在一个公平层次才会有嫉妒的产生。人是要求公平的。当公平心理畸形发展，就可能导致嫉妒。嫉妒是公平心理的消极反映。如果不在同一个公平层次，比如说在特定时间、特定条件，对另一个人、另一件事自愧不如，就不会产生嫉妒。

嫉妒的危害性

有嫉妒心的人，自己不能成就伟大事业，便尽量低估他人的伟大，使之与他本人相齐，或者用怀疑别人动机、诬蔑别人伪善的办法，来剥夺别人可敬佩的成就。于是，因嫉妒而产生的种种心态便表现出来：或消极沉沦，萎靡不振；或咬牙切齿，恼羞成怒；或铤而走险，害人毁己。嫉妒比坟墓更残酷。

巴鲁克说："不要嫉妒。最好的办法是假定别人能做的

事情，自己也能做，甚至做得更好。"记住，一旦你有了妒忌，也就是承认自己不如别人。你要超越别人，首先你得超越自身。波普曾经说过："对心胸卑鄙的人来说，他是嫉妒的奴隶；对有学问、有气质的人来说，嫉妒却化为竞争心。"坚信别人的优秀并不妨碍自己的前进，相反，却给自己提供了一个竞争对手，一个榜样，能给你前所未有的动力。事实上，每一个真正埋头沉入自己事业的人，是没有工夫去嫉妒别人的。

嫉妒是一种病态心理

从心理学角度分析，嫉妒是一种病态心理。当看到别人在某些方面高于自己时（有时候仅是一种似乎的感觉），便产生一种由羡慕转为恼怒、忌恨的情感状态。

嫉妒的范围是很广的，包括嫉人、嫉事、嫉物。手段也多种多样。有的挖空心思采用流言蜚语进行恶意中伤，有的付诸于手段卑劣的行动。报纸上曾经刊载过这么一则消息：有个女人嫉妒人家的一个男孩长得好，竟然将那男孩掐死扔进井里。当然，这是极端嫉妒者的典型。

根据嫉妒发生的速度与强度，可分为两种：一种是同激情相联系的嫉妒，称之为"激性嫉妒"。这种嫉妒带有强烈的激情性质，来势凶猛，发展迅速，难于控制。另一种是与心境相联系，被称为"心境嫉妒"。该嫉妒缓慢而持续，对人体的影响不如前一种明显，但可改变人的性格。主要表现为郁郁寡欢，忧心忡忡，产生孤独情绪，乃至积忿成疾。

现代精神免疫学研究揭示，脑和人体免疫系统有着密切的联系。嫉妒导致的大脑皮层功能紊乱，可引起人体内免疫系统的胸腺、脾、淋巴腺和骨髓的功能下降，造成人体免疫细胞与免疫球蛋白的生成减少，因而使机体抵抗力大大降低。

对嫉妒的危害，我国的传统医学早就有过论述。《黄帝内经》明确指出："嫉火中烧，可令人神不守舍，精力耗损，神气涣失，肾气闭寒，郁滞凝结，外邪入侵，精血不足，肾衰阳失，疾病滋生。"

嫉妒心理是一种破坏性因素，对生活、人生、工作、事业都会产生消极的影响。正如培根所说："嫉妒这恶魔总是在暗暗地、悄悄地毁掉人间的好东西。"

（1）直接影响人的情绪和积极奋进精神。

（2）容易使人产生偏见。嫉妒，在某种程度上说，是与偏见相伴而生、相伴而长的。嫉妒程度有多大，偏见也就有多大。偏见不仅仅出自于一种无知，还出自于某种程度的人格缺陷。

（3）压制和摧残人才。在现实社会生活中，在对人才的评价和使用过程中，时常受到嫉妒心理的干扰，使有些人才得不到及时的、合理的使用。有位历史学家曾断言，中国社会自唐

代以后开始走下坡路，一个重要的原因就是嫉贤妒能的现象日趋严重。

（4）影响人际关系。荀况曾经说过："士有妒友，则贤交不亲；君有妒臣，则贤人不至。"嫉妒是人际交往中的心理障碍，它会限制人的交往范围，压抑人的交往热情，甚至能反友为敌。

嫉妒破坏友谊、损害团结，给他人带来损失和痛苦，既贻害自己的心灵又殃及自己的身体健康。因此，必须坚决地、彻底地与嫉妒心理告别。

急救疗法A：嫉妒是一种最无能的竞争

嫉妒是一种最无能的竞争，是成功的最危险的杀手。

嫉妒是一种缺乏自信、深感失落的心理感受，它是邪恶的开端，有着丑陋的本性，犹如用冰棱磨制的冷箭，不敢在阳光下发射；又如用阴谋绑成的棍棒，只能打别人的影子。

一位美国作家说过："当朋友取得成功时，我们心中就有一些东西被摧毁了。"你是否也有过这种感觉：当你听到别人成功的消息时，会不会变得很脆弱？当你看到别人春风得意的时候，是不是感觉自己好像失去了什么？当你的快乐和满足被老同学或老朋友们的好消息冲淡时，你是不是觉得自己很失败？

这就是嫉妒。某人有较好的房子，某人有优美的身材，某人有更多的钱，某人有更具魅力的人格。跟你周遭的每一个人比较，很大的嫉妒就会产生，嫉妒就是"比较"这个习惯的副产物。

每一个人都在嫉妒别人，因为嫉妒，我们就创造出了地狱，因为嫉妒，我们就变得很卑鄙。如果每一个人都在痛苦，你就觉得很好；如果每一个人都失败，你就觉得很好；如果每一个人都很快乐、很成功，那个味道就变得很苦。

嫉妒总包含着一股不平之气。嫉妒越强烈，这股愤愤难平的情绪也就越强烈。毋怪乎总见有嫉妒者拿着"讨公平"的借口来为自己的恶意作辩护。对于嫉妒者自己，"不公平"不

奢侈品，女人的最爱

是"借口"，而是出于嫉妒者的真实感受，出自嫉妒的逻辑。很多时候，嫉妒者自己都无法为这种不平感找到一种合理的解释。

嫉妒总是耻于言说。如果要嫉妒者表态，听到的只会是强词夺理。一个突出的特点，就是无视事实的夸大。假如想到嫉妒者总要有意无意地说服别人，也说服自己相信他是一个蒙受不公者，这种现象就不难理解了。他夸大与受妒者的差距，以加强自己不平情绪的正当性。但对命运之不公的夸大，往往不能说服旁观者，却成为嫉妒的显见标志。嫉妒让人孤立，让人的心灵走向黑暗。

放弃比较，嫉妒就会消失。当你开始培养你内在的财富，你才能够放弃比较，不再嫉妒，除此之外没有其他的方法。

当然，在放弃嫉妒之心的同时，你还要感谢嫉妒，因为是嫉妒让你成长为一个越来越真实的人。不要再盲目地跟别人比较，学会爱你自己、尊敬你自己，那么成功之门就会立刻为你打开。

因为嫉妒，所以你开始变得很虚假，因为你开始装出你没有的东西，你开始模仿别人，跟别人竞争。如果某人拥有什么东西，而你没有，在自然的情况下，你不可能有，那么唯一的方式就是找一些廉价的代替品。所以说，嫉妒是一种最无能的竞争。

急救疗法B：如何化解自己的嫉妒情绪

结合每一个人的实际情况，有意识地提高自己的思想修养水平，是消除和化解嫉妒心理的直接对策。

伯特兰·罗素是20世纪声誉卓著、影响深远的思想家之一，1950年诺贝尔文学奖获得者。他在其《快乐哲学》一书中谈到嫉妒时说："嫉妒尽管是一种罪恶，它的作用尽管可怕，但并非完全是一个恶魔。它的一部分是一种英雄式的痛苦的表现；人们在黑夜里盲目地摸索，也许走向一个更好的归宿，也许只是走向死亡与毁灭。要摆脱这种绝望，寻找康庄大道，文明人必须像他已经扩展了他的大脑一样，扩展他的心胸。他必须学会超越自我，在超越自我的过程中，学得像宇宙万物那样逍遥自在。"

1. 胸怀大度，宽厚待人

19世纪初，肖邦从波兰流亡到巴黎。当时匈牙利钢琴家李斯特已蜚声乐坛，而肖邦还是一个默默无闻的小人物。然而李斯特对肖邦的才华却深为赞赏。怎样才能使肖邦在观众面前赢得声誉呢？李斯特想了个妙法：那时候在钢琴演奏时，往往要把剧场的灯熄灭，一片黑暗，以便使观众能够聚精会神地听演奏。李斯特坐在钢琴面前，灯一灭，他就悄悄地让肖邦过来代

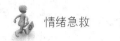

替自己演奏。观众被美妙的钢琴演奏征服了。演奏完毕，灯亮了。人们既为出现了一位钢琴演奏的新星而高兴，又对李斯特推荐新秀深表钦佩。

2. 自知之明，客观评价自己

当嫉妒心理萌发时，或是有一定表现时，能够积极主动地调整自己的意识和行动，从而控制自己的动机和感情，这就需要冷静地分析自己的想法和行为，同时客观地评价一下自己，从而找出一定的差距和问题。当认清了自己后，再重新认识别人，自然也就能有所觉悟了。

3. 快乐之药可以治疗嫉妒

快乐之药可以治疗嫉妒，是说要善于从生活中寻找快乐，就正像嫉妒者随时随处为自己寻找痛苦一样。

4. 少一分虚荣就少一分嫉妒心

虚荣心是一种扭曲了的自尊心。自尊心追求的是真实的荣誉，而虚荣心追求的是虚假的荣誉。对于嫉妒心理来说，它是要面子，不愿意别人超过自己，以贬低别人来抬高自己，正是一种虚荣，一种空虚心理的需要。单纯的虚荣心与嫉妒心理相比，还是比较好克服的。而二者又紧密相连，相依为命。所以克服一分虚荣心就少一分嫉妒。

5. 自我转换法可以消除嫉妒心理

嫉妒可以使一个人萎靡不振，但是如果合理地自我转换，不把时间浪费在抱怨外在环境，就能变为发愤图强。作家爱德蒙德·威尔逊在看到同行写的《伟大的盖茨比》时，非常嫉妒其对戏剧场面的营造。但他马上将嫉妒转换成发奋，写出了许多充满激情、技巧高超的作品。

6. 自我抑制是治疗嫉妒心理的苦药；自我宣泄是治疗嫉妒心理的特效药

嫉妒心理也是一种痛苦的心理，当还没有发展到严重程度时，用各种感情的宣泄来舒缓一下是相当必要的，可以说是一种顺坡下驴的好方式。

在这种发泄还仅仅是处于出气解恨阶段时，最好能找一个较知心的亲友，痛痛快快地说个够，暂求心理的平衡，然后由亲友适时地进行一番开导。虽不能从根本上克服嫉妒心理，但却能中断这种发泄性朝着更深的程度发展。如有一定的爱好，则可借助各种业余爱好来宣泄和疏导。如唱歌、跳舞、书画、下棋、旅游等。

急救疗法C：从生活中寻找真正的快乐

我们要善于从生活中寻找真正的快乐。如果一个人总是想：比起别人可能得到的快乐，我的那一点快乐算得了什么呢？那么他就会永远陷于痛苦之中，陷于嫉妒之中。

快乐是一种情绪心理，嫉妒也是一种情绪心理。何种情绪

心理占据主导地位，主要靠自己来调整。如果我们能从帮助别人中，从娱乐休闲中，从自然美景中，从甜蜜爱情中，从家庭温暖中找到快乐的话，就不会把伤害别人所得到的那点暂时的满足看得那么重要了。

生活是美好的，如果我们有精力去嫉妒别人，何不把时间花在享受生活，珍惜现有的幸福上。快乐是一种情绪。请看下面的故事：

有一位国王终日闷闷不乐，为了解除他的心病，大臣们遍访名医。一位智者献计说："只要找到世界上最快乐的人，把他的衬衫脱下来给国王穿上，国王就会高兴起来。"

于是，国王立刻下旨寻遍全国各地，找一个最快乐的人。不久他们就发现，这世界上快乐的人可真少。富人们衣食充足却无所事事，倍感无聊；智者们终日恻恻、思虑过多；美人们日日担忧年华老去。最后，他们终于在柴草堆上找到了一个快乐地唱着歌的年轻人，可是，当他们遵照国王的旨意决定脱去他的衬衫时，却发现他竟穷得连衬衫也没有。

世界上有一种情绪，它并不因为人们财富的多寡、地位的高低而增减，全部的奥秘只在内心，那就是快乐。有一种人生最可宝贵的无形财富，它简单易得却又千里难寻，任谁也无法将它夺走，那就是快乐。

急救疗法D：利用嫉妒，激起你的争强好胜心

　　嫉妒是一股强大的力量，它可以毁灭人，也可能造就人。

　　莎士比亚说："您要留心嫉妒啊，那是一个绿眼的妖魔！"妖魔有着它无人能敌的魔力，而嫉妒也有着无人能敌的力量。这种力量有正有邪。就邪来说，如果一个人嫉妒别人取得的成绩，嫉妒对方比自己人缘好，嫉妒对方受到上司的垂青，嫉妒对方总是好事不断，以致整天想着如何让对方栽跟头，以泄心头之恨。于是，他就会不断地给对方设障碍，让对方不好过，甚至散布谣言中伤对方。

　　如果被嫉妒者沉不住气，与其大吵大闹一番，或者与对方变成敌对和陌路，那么嫉妒者的嫉妒就会转变成仇恨，心里时时滋生搞垮对方、让对方名誉扫地或者走下坡路的念头，以致不由自主地会玩各种明的、暗的手段与对方较量。就像一匹马越反抗，越容易让骑马者产生征服欲一样，被嫉妒者越想接招，嫉妒者就更愿意出招，而且招数越出越狠。对于嫉妒心理极重的人来说，失衡心理常常会让他们失去理智，做出可怕的事情，甚至不惧怕玉石俱焚。

　　与其让嫉妒搞得两败俱伤，不如将嫉妒转化为进取的动力。如果一个人嫉妒别人，总想着如何破坏对方的幸福和快

乐，还哪有时间和心思去提高自己、超越他人？但是，如果嫉妒者能化嫉妒为动力，看着对方的幸福，想着自己一定要比对方更幸福；看着别人赚取的财富，心想着自己一定要赚得比别人更多；看着别人事业蒸蒸日上，心想一定要赶超别人；看着别人人缘好，想着赶紧改善自己的交际能力……无论看到别人事业顺利、工作顺心、财源广进、爱情甜蜜、婚姻幸福，还是享受其他好事，心里总产生不痛快，并告诫自己一定也要得到这些东西，那么，嫉妒就能成为推动自己奋斗的动力。当一个人以另一个人为参照，时刻想着要比对方过得更好时，他就会付出更多的努力，并以最终过得比别人好、比下对方为目的。

尽管怀着嫉妒之心去奋斗，获得的成功总包含着一些阴暗和消极的成分，但是，如果身边没有一个让人嫉妒的人，没有他人的幸福带给自己刺激，人就容易满足，产生懒惰情绪。而身边一个比自己强的人就不一样了，他人的成功会激发自己成功的欲望，他人的奋斗目标会指引自己的奋斗目标，他人的做事方式会影响自己的做事方式。

鲁迅说，地上本没有路，走的人多了，也便成了路。但是，不管是怎样的一条路，都是有第一个人走，才会有更多的人跟过去。与开路一样，很多时候，人对于自己的人生目标很模糊，不知道自己该做什么，选择什么，甚至有一种做一天和尚撞一天钟的想法，脑海里根本不会出现其他更有价值的追求。这个时候，如果身边跟自己不相上下的人突然超越自己，或者获得了事业上的成功，赚取了更多财富，得到了更多幸福，那么，自己得过且过的人生，就像被人丢进了一把火，突然让你紧张起来，你会觉得自己并不比别人差，觉得对方获得的这些好处属于自己才对……于是你整个人焦躁不安起来，不再安于现状，身体内的所有要强细胞都活跃起来，你模糊的人生目标也变得清晰明朗起来，超越对方是你目前迫切要做的，一旦行动起来，自己就不再容易停下来，一次的成功会让你想着获得第二次、第三次甚至更多次的成功。以致最后，你已经不再单单为了超越对方而奋斗，而是随着成功，你心中会形成一张宏伟的人生蓝图，以及你在为如何继续驰骋这块蓝图而行动。

　　所以，无论你是嫉妒者，还是被嫉妒者，都应将"嫉妒"看成是命运的恩赐，克服其阴暗的一面，化消极为动力，助成自己的成功。

　　人都有争强好胜之心，对于被嫉妒者来说，如果身边多一个竞争对手，自己就会多一份危机感，为了继续保持自己的优势，为了不让对方超越自己，就会花费更多时间去完善自己。工作上可能更努力，做事情会更认真，为了不让竞争对手看自己的笑话，处理任何问题都会更加细致谨慎，并以做好一件事、做成功一件事为最终目标。相互的竞争，会带给自己更多动力，以前仅仅量力而行的事情可能会竭尽全力地去做。如此，最终的结果自然是双赢。

急救疗法E：不要有攀比心理

生活有许多不如意，大多缘自于比较。一味地、盲目地和别人比，造成了心理不平衡，而不平衡的心理使人处于一种极度不安的焦躁、矛盾、激愤之中，使人牢骚满腹、思想压抑，甚至不思进取。表现在工作上就是得过且过，更有甚者会铤而走险，玩火烧身。

攀比是人的一种天性。一个人有思维，必定有思想。看到人家好，人家强，凡夫俗子，哪个不心动？

这世间，有的人家财万贯、锦衣玉食；有的人仓无余粮、柜无盈币；有的人权倾一时，呼风唤雨；有的人抬轿推车、谨言慎行……一样的生命不一样的生活，常让我们心中生出许多感慨。

看看别人，比比自己，生活往往就在这比来比去中，比出了怨恨，比出了愁闷，比掉了自己本应有的一份好心情。

生活的差别无处不在，而攀比之心又是难以克服，这往往给人生的快乐打了不少折扣。但是，我们能换一种思维模式，别专拣自己的弱项、劣势去比人家的强项、优势，比得自己一无是处，那样多累。要把眼光放低一点，学会俯视，多往下比一比，生活想必会多一份快乐，多一份满足。正如一首诗中所写："他人骑大马，我独跨驴子，回顾担柴汉，心头轻些儿。"再说骑大马的感觉也并不一定就是你想象的那么好，也许跨着驴子，悠哉游哉，尚能领略一路风光，更感悠闲、自在。

攀比是一把刺向自己心灵深处的利箭，对人对己毫无益处，伤害的只是自己的快乐和幸福。因此，我们必须保持心理平衡。以下几点建议，或许对你有所帮助。

1. 学会比较

心理失衡，多是因为选择了错误的比较对象，比如总与比自己强的人比，总拿自己的弱点与别人的优点比。如果能够我行我素，不去比较，实在要比的话，就把和自己处于同一起跑线上的人当作比较对象，那生活中可能会少一些烦恼，多一片笑声。

2. 寻找自信

自信是心理平衡的基础。假如感到某方面不如别人，应相信自己是有才的，只不过是低估了自己的长处而已。当然，自信的前提是自己确有发光点。所以，平时应当练好基本功。

3. 自我发泄

你有权发火，怒而不宣可摧毁肌体的正常机能，导致体内毒素滋生，使人变得抑郁、消沉。适当的发泄可以排除内心怒气，重新鼓起生活的勇气。发泄的方法很多，可以向朋友、家人倾诉，也可以是独处时的怒吼，也可以对着某物打上几下，出出怒气。比如，某人在自己办公室里放上一盆沙子，愤怒时

便用力去搓沙子，这样既不害人也不伤己，不失为发泄的一个好方式。

4. 寻找港湾

生活中需要一个能让自己"充电"、休养的港湾。无聊时去"充电"，烦恼时去放松，就像一只远航归来的帆船一样，在这宁静的港口及时得到休整。这个港湾可以是一间充满花香的"闺房"，可以是一个能够深造或提高的培训班，也可以是一次单独旅行。

5. 心底无私

命运的主宰是自己，树立自己的世界观、人生观，经常思考、检查自己的所作所为，自重、自省、自警、自励。心底无私天地宽，只要做好自己就是最大的胜利，就能获得最大的安慰。

6. 享受生活

生活是美好的，虽然有时候会和你开个玩笑，让你跌上一跤，但说不定让你跌倒的时候，会放一个金元宝在地上等着你去捡。学会体会生活的美丽，学会享受自然的恩赐，学会欣赏别人，也学会自我欣赏。

7. 献出爱心

拾到一个钱包，与其整天提心吊胆，心神不宁，不如做件好事，奉献一片爱心，把钱包还给失主或是上交。为别人献出一点爱，心中会有更多的爱。

站在城里，向往城外，而一旦走出围城，就会发现生活其实都是一样的。有许多我们一直很在意的东西，较之别人，根本就没有什么可比性。如果真要比较，那就与自己比，与他人比是懦夫，与自己比是英雄。

测试：看看你的嫉妒心重不重

　　测测你的嫉妒心：对下列问题回答"是"或"否"。

　　1. 我经常将自己同别人比较。

　　2. 我觉得别人的成就，才干，或长相没什么了不起的。

　　3. 当别人遭受挫折时，我有一种幸灾乐祸的感觉。

　　4. 别人的成功会让我想起自己很不幸。

　　5. 如果我不喜欢某件事物，我会努力说服别人也跟我持一样的观点。

　　6. 我渴望打败那些成功人士。

　　7. 我认为生活是一场竞赛，我想要冲上最高点。

　　8. 看到别人的成功，我很恼火我自己。

　　9. 我有时采取一些方式阻碍别人取得成功。

　　10. 我从来不觉得满足。

　　11. 我希望比别人拥有更多。

　　12. 我会多方收集对自己有利的信息。

13. 我会因为不如别人感到痛苦。

14. 我觉得我不是一个善于嫉妒的人。

如果有10个或以上的"是",说明你确实是一个嫉妒心理较重的人,需要注意调适。

第四章
批评：有则改之，无则加勉

　　无论是生活还是工作中，我们总会遇到他人的批评。面对他人的批评，我们要有一个正确的态度——有则改之，无则加勉。别人严厉的批评，说明你的行为或决定是错误的。虚心地接受批评，听听对方批评你的原因和理由，然后分析利弊，不断完善或改变自己的决定，才能少走弯路。如果他人的批评不对，那也大可不必在意，有则改之，无则加勉。

关键词

　　批评　心理失衡　难受　愤怒　睚眦必报　怀恨在心

不喜欢被人批评的原因

人都有一种相同的心理，喜欢听表扬，不愿听批评的话。有的人一听到批评，就面红耳赤，忐忑不安；有的人暴跳如雷，恼羞成怒；有的人咬牙切齿，仇恨满怀；有的人虚心接受，就是不改；有的人表面接受，心里怨恨，寻衅回击……

常言道："良药苦口利于病，忠言逆耳利于行。"即便如此，也没有多少人喜欢逆耳的忠言。大多数人还是喜欢听表扬，不喜欢听批评。在他们看来，得到表扬是令人感到光彩和骄傲的，而遭受批评则意味着丢面子。

人们对表扬一般没有很强烈的反应，但对批评却反应敏感。遭遇批评会情绪低落，态度消极，而在表扬的激励下会表现出干劲十足。

批评之所以不受欢迎，有两种原因：

第一是批评者不了解当事人的处境和造成错误的原因，使当事人感到委屈。

第二是批评者采用了权威性的立场，暗示当事人行为的

"笨拙"或"愚昧"性质，引起了当事人的反感。

受到批评后的情绪特征

无论是生活还是工作中，人们都不喜欢挨批评，往往在受到批评后会有以下三种表现：

一、认为自己没有错，是对方错了，因此心里非常委屈难受，有的人甚至情难自禁，会忍不住掉眼泪。

二、认为自己没有错，心中非常不满，对批评自己的人怨恨在心，甚至伺机报复。如果是不满领导的批评，还会表现在工作中，不好好工作，或者跟同事抱怨等。

三、非常自责。因为自己确实做错了，也能接受他人的批评。如果是给他人或者公司等造成了重大损失，那么自己会深深的内疚。

急救疗法A：分析·冷静·自省

对于善意的批评，可以用微笑着接受，对于恶意的中伤，尽管一笑置之。如果朋友一时冲动，在公开场合批评你，那么你不妨诚恳地请求对方换个地方交谈，告诉他："我们找个地方坐下谈好

吗？"只要你们是好友，朋友会顾及你的尊严，不会拒绝。这样，你一来避开窘境，二来也委婉地指出了对方不分场合的大意。

面对批评，你不应表现出不满或负面情绪，你应该虚心地接受，因为批评你的人是你的朋友、你的导师、长辈。面对他人的批评，你应该做到：

让对方坐下来慢慢讲，给他沏杯茶或递一支烟，都有助于缓和紧张空气。

要有耐心，别表现出强烈的厌烦，更不要拒绝批评而愤然离去，这会显得你没有度量。

听别人把话讲完，无论如何别打断对方的讲话，相反要鼓励对方把话说完，这可以更有效地使对方变得平静，而你也可

工作中被领导批评

以心平气和。

不要跟一个感情冲动的批评者争论，不要去指责对方言语中的失误和失实。因为有时对方前来只不过是要发泄一下不满情绪——他想提出的要求分明无法做到，此时你若与之相争，则会使问题变得更糟。

不要在未听完对方的指责之前就表态，但遇到那种冲动型的人，多道歉反而会让对方平静下来。

换一句话把对方的意见说出来，表示你不仅认真听了他的指责，而且态度诚恳。如此不论你是否准备接受对方的批评，都将使之感到满意。

当自己对一个错误浑然不知或不知所措时，旁观者也许早已看出了问题的症结所在，因此没有任何理由拒绝别人的批评和建议。你不妨冷静下来思考一下，这些批评和指责有无道理，从中发现对你有价值的东西，然后感谢批评你的人。

把别人的批评当作一面镜子，察看自己究竟是错了，还是丝毫未错。如果确实是错了，就应老实承认并立刻设法改正过来。虚心地接受批评，让批评成为你做人的必备素质。

急救疗法B：换个角度看待领导批评

我们每个人都有自己的观点和看法，它支撑着我们的自

信，是我们思考的结果。无论是谁，遭到别人直言不讳的反对，特别是受到激烈言辞的迎头痛击时，都会产生敌意，导致不快、反感、厌恶乃至愤怒和仇恨。这时，我们会感到气窜两肋，肝火上升，全身处于一种高度紧张状态，时刻准备作出反击。其实，这种生理反应正是心理反应的外化，是人类最本能的自我保护机制的反映。

在工作中，有的人充满信心，有的人谨小慎微。但不管怎样，突然受到来自上级的批评或训斥，都会造成很大的影响。如果你也正巧处在挨批的行列，首先应该端正态度，不要对领导的批评表现出"不服气"，你"不服"的倔强改变不了任何局面。

受到上级批评时，反复纠缠、争辩，希望弄个一清二楚，这是很没有必要的。确有冤情，确有误解怎么办？可找一两次机会表白一下，点到为止。即使领导没有为你"平反昭雪"，也完全用不着纠缠不休。这种斤斤计较型的部下，是很让领导头疼的。如果你的目的仅仅是不受批评，当然可以"寸土必争""寸理不让"。可是，一个把领导搞得筋疲力尽的人，又何谈晋升呢？

对有些人来说，由于历事颇多，久经世故，能够临危不乱，沉得住气，不会立即作出过激的反应。而且，有的人还是有一定心胸的，不会褊狭地受情绪左右，意气用事。但是，心中的不快却是不能自控的，而且由于面子问题，往往会出现愤怒情绪。

没有人会无缘无故发脾气，批评别人，领导之所以批评你，自然是你犯了某种错误。而要处理得好，你就要坦诚接受领导的批评。

第一，你要搞清楚领导批评你什么。领导批评或训斥部下，有时是发现了问题，促进纠正；有时是出于调整关系的需要，告诉被批评者不要太自以为是，别把事情看得太简单；有时是与部下保持或拉开一定的距离，突出自己的威信和尊严；有时是为了"杀一儆百"，不该受批评的人受了批评，代人受过，等等。总之，搞清楚了领导批评你的原因，你便能把握情况，从容应对。

第二，虚心接受领导的批评。受到领导的批评时，最需

工作中受挫挨批的郁闷女生

要表现出诚恳的态度，显示出你从批评中确实学到了什么，明白了什么道理。正确的批评有助于你明白事理，改过自新，并以此为诫；错误的批评也有可接受的出发点，因此，批评的对与错本身并无太大的关系，关键是对你的影响如何。你处理得好，会成为有利的因素，会成为你前进的动力，如果你不服气、发牢骚，那么你这种态度很有可能引发负效应，使你和领导的感情拉大距离。当领导认为你"批评不起""批评不得"时，也就产生了"用不起""提拔不得"的反感情绪。

第三，不要把批评看得过重。不要认为领导的一次批评就觉得自己一切都完了，从此一蹶不振，这样会让领导看不起。如果你把每次的批评都看得太重，甚至耿耿于怀，总是不服气地在心里较劲，那么以后领导可能再不会批评你什么了，因为他不会再信任和重用你了。

正确看待领导的批评，受到批评不是坏事，通过受批评的过程，你才能更了解领导。接受批评则能体现你对领导的尊重，而这正可以作为和领导拉近距离的途径。

急救疗法C：面对领导的忠告，你该这样做

职场上，你是缺少涵养、火暴脾气的员工吗？是否违犯过企业成文的规章制度和不成文的潜规则？你是否曾做出过足以

断送你职业前程的举动？当你吃过黄牌后是否吸取了教训？是否发展到被上司举起过红牌，将你罚出场外？你意识到自己已经犯了诸多的职场禁忌了吗？

在工作中，你不可能样样事情做得都很完美出色，其间肯定少不了领导对你的嘱咐、提醒和忠告。面对领导的这些提醒和忠告，你会记住并严格遵循，还是当时点头过后就忘？在所有的应对领导的嘱托的方式中，最让领导恼火的就是，自己的话被你当成了"耳边风"。

没有人喜欢整天对着一个人唠叨没完，时刻地提醒这个那个，领导更是如此。很少有领导把批评、指责别人当成自己的嗜好。因为批评和训斥容易伤彼此的和气，因此在批评上，领导也是很谨慎的。而一旦批评了别人，就会产生权威和尊严问题。而如果你对领导的批评置若罔闻，依然我行我素，那么这种结果比当面顶撞还糟糕。因为，你的这种"不屑"的态度显然是不把领导放在眼里。

对领导的话满不在乎，是不尊重领导的表现。工作中，面对领导的忠告，作为员工，你应这样做：

1. 认真倾听领导的问话

当上司讲话的时候，要排除一切使你紧张的意念，专心聆听，眼睛注视着他，必要时作一点记录。他讲完以后，你可以稍思片刻，也可以问一两个问题，真正弄懂其意图。然后概括一下领导的谈话内容，表示你已明白他的意见。切记，领导不

喜欢那种思维迟钝，需要反复叮嘱的人。

2. 领会领导的意图

我们与领导交谈时，往往是紧张地注意着他对自己的态度是褒是贬，构思自己应作的反应，而没有真正听清上司所谈的问题。好的下属应该不仅理解上司所谈的问题，并且能理解他的话蕴含的暗示。这样，才能真正理解领导的意图，明智地作出反应。

3. 自我反省，及时修正自身的不足

领导对下属有着法定的监督、控制、指导等权力。当下属出现与组织的统一运作相背离，或不协调、有误差的行为时，领导有责任对其进行批评指正，这是毋庸置疑的。作为下属应当具有这种起码的组织观念，面对领导的忠告或指正，不应有领导故意找自己的碴，跟自己过不去的想法。这种想法不但于改正错误无益，还会形成抵触情绪，影响与上级的正常工作关系和感情。

4. 从错误、失败中吸取教训

这样的下属会很快得到领导的谅解和尊重，以及同事的赞许。据心理学家观察，当人们看到犯了错误的人痛心疾首、懊悔自责的态度，并且竭尽全力去改正时，大都会因此而生恻隐之心，减轻对其错误的谴责和反感心理，同时还会给予热情的关注和由衷的帮助。下属做到知错即改，就容易得到领导、同事和亲友的信任和帮助。

总之，面对领导的忠告，不要熟视无睹、满不在乎，否则会吃到红牌，自毁前程。

每个领导的工作方法、修养水平、情感特征各不相同，对同一个问题会表现出明显不同的态度。作为下属的你，应当认识到，上级的出发点一定是正确的，是为了大局，为了避免不良影响或以免造成更大的损失，为了帮助你、挽救你，才对你的工作和态度做出指正和教导。你要适当给予理解和体谅，对待自己的失误或方向的偏离要冷静反思，检讨自己的错误，使自己与领导的期待目标保持一致。

急救疗法D：看淡批评，感谢批评你的人

1932年初，阳翰笙请茅盾为自己的长篇小说《地泉》再版作序，茅盾推辞不掉，就在序中不讲情面地批评说，这部小说从总体上来看，是一部很不成功的，甚至是失败的作品。茅盾把文章交给他后，觉得自己的批评如此尖刻，阳翰笙一定不会用。没过多久，再版《地泉》出版了，茅盾打开一看，他那篇批评文章竟然一字不改地印在里面。

1952年，郭沫若应约写了一首讴歌十月革命胜利35周年的诗。诗稿送到杂志社后，编辑却犯了愁，因为那首诗尽管立意很好，但从构思、意境、语言来讲远非佳作。当那位年轻的编辑征得领导同意后，怀着忐忑的心情去找郭老，请他修改或重写时，没想到郭老十分热情地接待了他，并一再声称：那是败

笔之作，你们退稿是对的。

身为文学大家，面对一位毛头小伙子给自己的"大作"挑刺，郭老竟然不温不火，并虚心接受其意见，这种雅量委实不易，而戏剧家阳翰笙的雅量则更为难能可贵。阳翰笙将对自己作品持否定态度的序言印在书中公之于众，这种雅量令人叹服。

两件逸事尽管各自情节不同，但从中折射出两位名人的胸怀和气度，都同样令人敬佩。

佛家有典故说：释迦牟尼佛功德圆满，有人却妒性大发，当面恶意中伤他。佛祖笑而不语，待那人骂完，佛问："假如有人送你东西，你不愿意要怎么办？"答："当然是归还了。"佛说："那就是了。"于是，那人羞惭而退。从某种意义上说，这个故事的喻意，不正是在劝告人要多些雅量吗？

《尚书》说："必定要有容纳的雅量，道德才会广大；一定要能忍辱，事情才能办得好！"如果遇到一点点不如意，便立刻勃然大怒；遇到一件不称心的事情，立即气愤感慨，这表示没有涵养的力量，同时也是福气浅薄的人。所以说："发觉别人的奸诈，而不说出口，有无限的余味！"

应该承认，有些高贵品格是普通人毕生企盼但仍根本不可能达到的；可人的雅量却是完全能够通过修炼而得到甚至可做到"随心所欲"的。

人难免与十分讨厌的人偶然相逢，尽管有人可以装作很随便的样子，竭力扮潇洒样扬长而去。但很多有雅量的人不会那样去做，而是没有丝毫装模作样地缓缓笑迎着对方漠然的脸孔和布满疑惑的眼神，坦然地擦肩而过。这些人轻松地抹去了粗鲁的伤害与侮辱的阴影，用友好的阳光装满了雅量的酒杯，小抿一口，自是清香浓烈。

当不期而遇的挫折、误解、嘲笑等迎面而来时，相信并依靠个人的雅量吧，它是驱逐并能够战胜一切烦恼和痛苦的忠实朋友。

当你手握足以致人哑口无言的权柄，身处令人赞不绝口的高位，而面对尖锐的批评逆语时，你是否能够做到不怒目横扫、暴跳如雷呢？作为一个理智健全的人，特别是一个希望逐渐完备自己人格的人，总是用雅量包容一切的。雅量，是衡量一个人修养程度和成熟与否的重要标尺之一。

急救疗法E：五招教你如何正确对待批评

没有人会无缘无故发脾气、批评别人，别人之所以批评你，自然是你犯了某种错误。而要处理得好，你就要坦诚接受别人的批评。

第一，要搞清楚别人为什么批评你。追求晋升的过程中，有人充满信心，有人谨小慎微。但不管怎样，突然受到来自别人的批评或训斥，当然是一个重要的关节点，都会造成很大的

影响。而要处理得好，首先要搞清楚别人为什么批评你。

领导批评或训斥部下，有时是发现了问题，促进纠正；有时是出于一种调整关系的需要，告诉受批评者不要太自以为是，别把事情看得太简单；有时是为了显示自己的威信和尊严，与部下保持或拉开一定的距离；有时是为了"杀一儆百""杀鸡骇猴"，因此不该受批评的人受批评，其实还有一层"代人受过"的意思……搞清楚了别人为什么批评，你便会把握情况，从容应付。

第二，受到批评最忌满不在乎。受到别人批评时，最需要表现出诚恳的态度，从批评中确实接受了什么，学到了什么。最让别人恼火的，就是他的话被你当成了"耳旁风"。很少有别人把批评、责训别人当成自己的嗜好。既然批评，尤其是训斥容易伤和气，因而他也是要谨慎而为的。而一旦批评了别人，就产生了一个权威问题、尊严问题。而如果你对批评置若罔闻，我行我素，这种效果也许比当面顶撞他更糟。因为，你的眼里没有别人。

第三，对批评不要不服气和牢骚满腹。批评有批评的道理，错误的批评也有其可接受的出发点，更何况，有些聪明的下级善于"利用"批评。也就是说，受批评才能了解别人，接受批评才能体现对别人的尊重。所以，批评的对与错本身有什么关系呢？比如说错误的批评吧，对你晋升来说，其影响本身是有限的。你处理得好，反而会变成有利因素。可是，如果你不服气，发牢骚，那么，你这种做法产生的负效应，足以使你和别人的感情拉大距离，关系恶化。当别人认为你"批评不起""批评不得"时，也就产生了相伴随的印象——认为你"用不起""提拔不得"。

第四，受到批评时，最忌当面顶撞。当然，公开场合受到不公正的批评、错误的指责，会给自己造成被动。但你可以一方面私下耐心作些解释，另一方面，用行动证明自己。当面顶撞是最不明智的做法。既然是公开场合，你下不了台，反过来也会使别人下不了台。其实，如果在别人一怒之下而发其威风时，你给了他面子，这本身就埋下了伏笔，设下了转机。你能坦然大度地接受其批评，他会在潜意识中产生歉疚或感激之情。

靠公开场合耍威风来显示自己的权威，换取别人的顺从，这样不聪明的别人是很少的。如果你遇到的是这样的别人，你当然可以在适当的机会给他以"反批评"。其实，你真遇到这种别人，更需要大度从容。只要有两次这种情况发生，跌面子的就不再是你，而是他本人了。

和别人发生争论，要看是什么问题。比如你对自己的见解确有把握时，对某个方案有不同意见时，你掌握的情况有较大出入时，对某人某事看法有较大差异时，等等，但是，切记：当别人批评你时，并不是要和你探讨什么，所以此刻绝不宜发生争执。

第五，不要把批评看得太重。绝没有必要把一两次受到批评和自己整个前途命运联系起来，觉得一切都完了，天昏地暗，灰心丧气。如果批评了你，你就一蹶不振，打不起精神，这样会很让别人看不起。如果你是这样一种表现，以后别人可能再不会批评、指责你什么了。可是，他也就再不会信任和重用你了。

测试：看看你是有多在意别人的批评

1. 面对他人当面指责我的错误，我会感觉对方是故意让我丢脸没面子（　　　）

A. 十分符合

B. 符合

C. 不符合

2. 面对他人的否定，我会马上找出论据或者例子来证明我对了，对方是错误的（　　　）

A. 十分符合

B. 符合

C. 不符合

3. 领导当面指出我的问题，我会很不高兴（　　　）

A. 十分符合

B. 符合

C. 不符合

4. 领导批评我，我总是反驳，阐述自己的理由（　　）

A. 十分符合

B. 符合

C. 不符合

5. 当我不同意他人的批评时，我会提高自己的声音（　　）

A. 十分符合

B. 符合

C. 不符合

6. 如果我有什么事情做错了，接下来我要做的第一件事情就是找出让我犯错的原因，接着才是寻找解决方法（　　）

A. 十分符合

B. 符合

C. 不符合

7. 面对他人的批评，即使我错了，我也很难会去承认它（　　）

A. 十分符合

B. 符合

C. 不符合

8. 当同事告诉我了一个关于如何改善并提高我工作的建

议，我会非常高兴地接受，马上去尝试一下。（　　　）

　　A.十分符合

　　B.符合

　　C.不符合

9.我特别讨厌别人总是告诉我怎么怎么做（　　　）

　　A.十分符合

　　B.符合

　　C.不符合

10.当领导跟我说我没有做到最好时，我感到很气馁，挫败感很强（　　　）

　　A.十分符合

　　B.符合

　　C.不符合

计分：

　　A.十分符合4分

　　B.符合3分

　　C.不符合2分

结果：

　　30—40分：你是一个非常在意他人批评的人，不要那么在意他人的批评，学会看淡一些，要不会活得很累，面对他人的批评，不妨有则改之，无则加勉。

20—29分：你是一个较为在意他人批评的人，虽然有时候你能自我开导，但大多数时候你还是不能调节好自己，生活中不妨再看得开一些。

10—19分：你还是比较能正确看待他人批评的，但有的时候也不能很好的调节自己，不妨再看开一些。

0—9分：你是一点儿都不在意他人的批评，完全是走自己的路，让别人去说的态度。怎么说呢，也好也不好。当他人的批评是正确的时候，我们不妨还是听一下，改善提高一下自己，让自己变得更加完善不是更好么。

极度愤怒

第五章

打压：积蓄能量，坚定超越

你的优势给周围人造成了深深的危机感，他们害怕总有一天你会超越他们，越过其权力，变成其上司，领导其工作，于是他们趁自己还有能力时千方百计地打压你。其实，这对你来说未必是坏事，你可以趁此积攒能量，有朝一日破土而出，长成参天大树。

关键词：

讨厌　负担　折磨　枷锁　打压

生活中的种种打压他人现象

一位明星出来哭诉，自己原本是有很好的发展前景的，可是公司将其雪藏，用一张合同牵着她，既不给她演戏的机会，也不放她另找东家。追究这其中的原因，公司觉得她太嚣张，一个新人让人头疼，于是就想磨磨她的耐心，灭灭她的气焰。

一位漂亮的女孩爱上了一位帅气的男孩，相恋后，男孩却满脸清高，自信膨胀，无论女孩做什么，他都能挑出毛病。为了证明自己是最好的，是超凡脱俗的，是值得被爱的，女孩就不停地迎合对方，不断地付出，多得超出自己的负荷和爱的程度。可她越是这样，男孩挑毛病挑得越狠，于是，女孩开始自卑，觉得自己一无是处，做什么都不对。难道她真的做得不对吗？事实上是男孩的征服欲望在作祟。原来女孩所在的单位比男孩好，拿的薪水比男孩多，职位也比男孩高，加上她人漂亮，就有点小清高。在男孩看来，自己一切都不如她，可对方还追着爱自己，如此看来自己身上一定有着某种优势。不过，又担心女孩太优秀，最终甩了自己，为了避免这类事情发生，男孩开始讨厌女孩的优势，让女孩产生自卑感，如果女孩最终为了迎合他，放弃了好工作，那他算是彻底征服了优越感极强的女孩；如果两人分手，他也落不下自己不如对方、导致被甩的名声。

公司来了一位新上司，为了融入新的集体，获得下属的拥戴，天天以一副亲切温和的态度与众人打成一片，大家都觉得他人不错，所以在他面前尽可能地表现自己。不久后，公司要从该领导的下属中提拔一位跟他平级的部门主管，让其推荐一位。可令人疑惑的是，他竟然选择了一位能力平平的人。他所在的部门有一位老员工，能力强、人品好，跟同事关系处得极其融洽，要提拔也应该提拔他才对，可结果怎么会是一个最不起眼的人得到晋升呢？追究这其中原委，原来是新上司担忧提

被打压后的吃惊和愤怒

携的员工比自己出众，抢了自己的风头，于是，优秀的员工就这样被他埋没了。

女老总新招了两位秘书，甲秘书风姿绰约，乙秘书干练精明，于是，老板前去谈判业务就带着乙秘书，参加宴会或者各种应酬就带着甲秘书。本来三人好好合作，是一支强势队伍。可不久后乙秘书就打包回家了，甲秘书全权替代了乙秘书的工作。追究其中原因，原来甲秘书觉得自己就像个花瓶，在公司里更像个交际花，而她更想干体面出色的工作，谈判这样的重要场合怎能少了她婷婷袅娜的风姿？但是，只要有乙在，她就别想出现在谈判场合。于是，玩了各种花招，导致乙的工作出现重大失误被老板炒了鱿鱼，而她堂而皇之地成了老板最贴身的秘书。

……

你是不是也遭遇过或者正遭遇着被人讨厌的问题？他可能是你的上司，可能是你的男友，也可能仅仅是一个项目的负责人。你在这些人面前似乎总是没有发言权。你原以为做得相当漂亮的工作计划，一到他们手里就狗屁不是；你完全可以加薪升职了，对方却根本不给你这样的机会；你总是自我检讨，按照对方提出的要求改变自己，但无论你怎么改变，对方横竖都能挑出毛病。

是的，打压你的人无处不在，这在职场中表现得尤其突出。虽然为什么打压你，每个人动机不一样，使用的方式、方法不同，但有一点相似，那就是讨厌你的人有这个权力去打压你，并且容易得逞。

被打压后的情绪反应特征

无论是工作还是生活中，我们都希望能够一帆风顺，不希望遭遇他人的恶意中伤和打压。被打压后，人们的情绪特征通常有三个表现：

一、懦弱。面对打压，不敢发声，任由他人踩踏自己的利益。这种情绪是最要不得的，这样会纵容他人，也会造成自己不能进步，不能改变现状。

二、韬光养晦。通常不把情绪表现出来，而是化作了动力，努力提高，伺机表现自己。

三、仇恨。他们会对打压自己的人伺机报复，以牙还牙，甚至大动干戈，甚至走上了犯罪的道路。其实，这样又何必呢，得想办法让自己变得强大起来，让那些想打压你的人打压不了你。

急救疗法A：寻求伯乐，更换主帅

如果你所在的公司很大，也很有发展前景，如果你在你的部门得不到赏识，那么接下来，你就要寻找真正能赏识你的伯

乐了。这里，给大家提供6点方法和建议。

1. 主动接近那些能赏识你的人

电梯里、下班的路上、公司聚会，只要留心，只要主动，你总有机会接近伯乐。

2. 遵守礼仪

态度上要不亢不卑，但也要做到谦虚礼貌，给他人留下一个好印象。

3. 保持自信

不要因为对方身居高位就战战兢兢，甚至说话吐字不清。你既然相信自己是有才能的人，就一定要相信到底。当你用自信的言语、得体的举止回答对方的问题，或者与对方正面交流时，你才有可能引起对方的注意。

4. 懂得尊重

不要刻意地与对方攀谈，更不可以越权将自己所做的一些完美策划交由他过目，这反而会给人一种急功近利、没有礼貌、不尊重上司的感觉，从而使你的形象大打折扣。

5. 要有锲而不舍的精神

也许第一次接近对方没有成功，第二次也没有，那么也不要着急，你在继续接近对方的同时，还可以找寻下一个伯乐。对于你来说，问题不是能找到几个伯乐，而是能否得到对方的赏识。另外，锲而不舍在于，让你跟你的伯乐一回生二回熟。也许第一次你们只是打了个招呼，第二次就能说上几句话，第三次、第四次……机会多了，你们不就更熟了吗？等你们熟悉后，你还有什么事情不敢说？

6. 不要在一棵树上吊死

有些人赏识别人的才能，未必所有人都能得到他的赏识。如果你发觉对方根本无心与你交流或者认识的话，那就不要死缠烂打。你该寻找另一个伯乐了。找寻不到就找机会，好好地表现自己。只要你有上进心，有发展的欲望，那么皇天必定不会负你这个有心人。

当然，寻找伯乐不是让你溜须拍马，更不是玩阴谋诡计，而是在自己的才能得不到认可的情况下，找寻可以赏识自己的人。你要相信，你这匹千里马不常有，但赏识你的人一定有，并下定决心以找到为目的。

急救疗法B：韬光养晦，大智若愚

古人云，骐骥一跃，不能十步；驽马十驾，功在不舍。适时让自己表现得愚钝一下、低调一下也没有什么不好。暂时的蛰伏，不代表你一辈子蛰伏；暂时的低头，意味着你未来永久的抬头；暂时的屈服，为的就是未来的不服；暂时的忍让，为的是某一天的一蹴而就。

一位优秀的员工总是受到部门经理的挑剔，无论他做什么

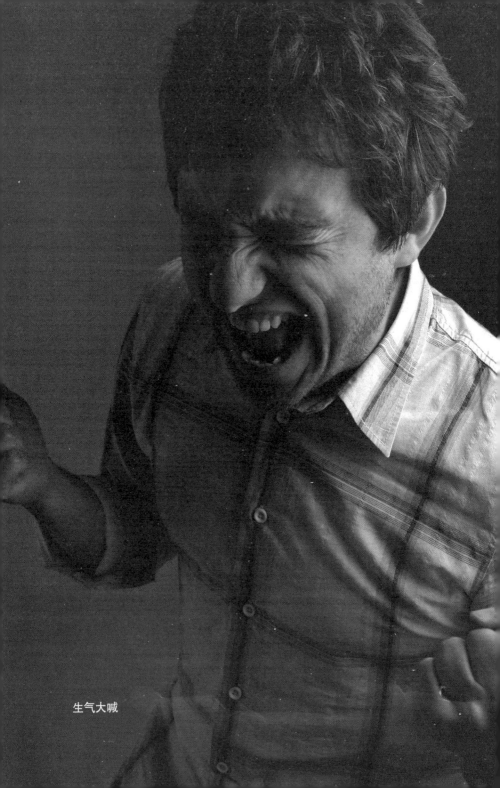
生气大喊

工作，对方都能挑出毛病，并不留情面地给予批评。一开始，这位员工觉得自己可能真得很差劲，但是当他发觉对方有意跟他过不去后，他开始变得非常虚心，不再像以前那样什么事都做到完美直接交给经理，而是提前询问对方有没有什么建议，态度表现得谦虚而诚恳。见"嚣张"的下属开始向他低头，经理的态度变好了很多。一次，公司就一款产品的客户群和市场向各部门征求意见，该优秀员工原本有个很好的建议的，但是经理并没有征求他的意见，随便跟几个同事了解了一下便递交了一份方案。不久后，公司就这些意见展开了讨论，会上老总强调，如果大家现在还能想到什么好点子，可以再提出来。大好的机会来了，优秀员工举手发言。他口齿伶俐，举止大胆而得体，更重要的是他的方案精妙绝伦，一下博得满堂彩，并最终被定为新产品推广方案，而他也顺利成为了产品推广的主要负责人。

信奉大智若愚的是真正的聪明人。他们以大智若愚的方式来保护自我。

嫉贤妒能，几乎是人的本性，所以《庄子》中有一句话叫"直木先伐，甘井先竭"。一般所用的木材，多选挺直的树木来砍伐；水井也是涌出甘甜井水者先干涸。人也如此。有一些才华横溢的人，因为锋芒太露而遭人暗算。《红楼梦》中的王熙凤正是"机关算尽太聪明，反误了卿卿性命"。还是那句千古名训"大智若愚"为妙。

　　大智若愚，不仅是一种自我保全的智慧，同时也是一种实现自己目标的智慧。俗语说"虎行似病"，装成病恹恹的样子正是老虎吃人的前兆，所以聪明不露，才有任重道远的力量。这就是所谓"藏巧于拙，用晦如明"。现实中，人们不管本身是机巧奸猾还是忠直厚道，几乎都喜欢傻呵呵不会弄巧的人，因为这样的人不会对对方造成巨大的威胁，会使人放松戒备和设防。所以，要达到自己的目标，没有机巧权变是不行的，但又要懂得藏巧，不为人识破，也就是"聪明而愚"。

　　大智若愚并非让人人都去假装愚笨，它强调的只不过是一种处世的智慧，即要谨言慎行，谦虚待人，不要太盛气凌人。这并不是一种消极被动的生活态度。倘若一个人能够谦虚诚恳地待人，便会得到别人的好感；若能谨言慎行，更会赢得人们的尊重。

　　在复杂的世界中，一个人如果能用大智若愚的方式去生存，那他就能够避免很多烦恼缠绕，达到一种逍遥的境界。

　　当你受到讨厌你的人打压时，为索要公平与对方讨说法，那是愚蠢的举动。你要做的就是等一个可以真正让自己的才华拨云见日的机会。有时装装傻并不见得是坏事。

急救疗法C：认真倾听有异议的声音

自己的观点、想法、能力、做事方式被别人否决，的确是一件让人深受打击的事情。如果来自外界的反对声音不在理，我们会因为对方有意跟自己过不去，故意不肯定自己，心里窝一肚子火；如果对方说得很在理，各种观点、想法都超出了你提出来的那些，于是，你就会掉入自卑的泥沼，心想自己怎么就没有想到这些，自己考虑问题的角度跟对方怎么就存在那么大的差别？如果你的观点常常遭到别人的否决，你的自卑就会日积月累，甚至对自己产生怀疑，想着自己这十几年来可能坚持的某个想法一定是错的，并最终丢掉了自己的想法，附和了别人的想法。

杨一和杨双是两姐妹，从她们开始谈朋友找对象开始，其母亲就教导她们，"嫁汉嫁汉，吃饱穿暖！""有家，才能嫁！""租房的男人，对你们来说，就相当于租了个男人，婚姻、爱情都不会长久！"杨一和杨双都很讨厌母亲的这种论调，认为母亲太现实，把美好的感情同房子、金钱混为一谈，实在是老太太们的低俗想法。可是，等到两人都步入婚姻后，她们才发觉油盐酱醋米才是婚姻的主旋律，爱情在没房没存款面前变成了奢侈品，双方每天疲于生活奔波，早没有了谈情说

爱的激情，每日谈论最多的便是如何攒钱、如何开源节流。

姐姐杨一想，不能让母亲所谓的没有房婚姻爱情不长久的说法成为现实，于是，她更加努力地投入工作，更积极地去为她的第一套房子打拼，老公也在她的带动下，开始兼任两份工作。几年的拼搏后，两人终于拥有了房子、自己的事业、美好的婚姻，以及和睦的家庭。而妹妹杨双，与丈夫挤在30平方米不到的房间里，每天与其他房间的室友抢厕所、抢洗衣机、抢灶台。一开始还能忍受，可是随着次数的增多，她越来越苦闷，跟丈夫的争吵次数越来越多。回娘家想清静几天，又换来母亲的打击，说什么"不听老人言，吃亏在眼前！""我当初说的都应验了吧！"等等。

虽然杨双赌气不再理母亲，可是静下心来，她想也许母亲是对的，没有房子的婚姻真得薄如纸片，一捅即破。而此时正好身边出现了一个追求者，这个人有车有房有事业，唯一美中不足的就是有老婆，可他给杨双承诺会跟妻子离婚，并为其买了一套房子。于是，杨双与丈夫离婚，彻底当起了第三者。但好事难圆，最终对方没有离婚，并彻底断绝了跟她的关系，因为做第三者被母亲和姐姐疏远的杨双，只能守着空房子独自落泪。

通常情况下，如果别人的反对声在理，自己就会及时悬崖勒马；如果反对的声音有些可利用，有助于补足自己的想法，就会毫不犹豫地拿来用；如果对方说得毫无道理可言，便会坚持自己的想法不轻易放弃。即便某一天你发觉自己想的、说的、做的真的错了后，也不会马上备受打击地放弃自己的坚持，而是考虑如何扭转乾坤，通过自己的努力和奋斗，挽救自己的错误。于是，在自我的坚持中，有主见的人最终还是获得了成功。

而没有主见的人，很容易因为别人的看法而左右摇摆，尤其面对打击时，更是对自己信心全无。比如，别人说那样做不对，他坚持一意孤行，最终遭遇失败，于是就会备受打击，并为当初自己不听别人的意见后悔莫及；或者自己坚持的事情，被别人怀疑甚至给出某些有理有据的反对声音，此时就会对自己的想法产生动摇，积极性受到打击，从而选择放弃。

无论我们从事怎样的事情，反对的声音总会从四面八方传来，弄得我们不知所措。其实，对于有主见的人来说，别人的看法只能作为参考，自己的想法才是最重要的。

急救疗法D：把握机会，寻找突破口

在职场中，我们完全没有必要跟讨厌我们的人比较、抗衡，我们要做的，是在打压下寻找有利于自己发展的突破口。这个突破口就是机遇。这个机遇到底怎么找呢？

1. 检讨自己是否太高调

那些讨厌你的人往往是比你高一级，或者是一个项目的负

责人。他们讨厌你是因为害怕你超越他们。讨厌的方式是：你明明做得很好，可他们总能找到挑刺的地方；自己为工作提了很好的意见，可某一天大家讨论这个意见时，提出者不是你，却成了另外一个人；竞聘某一职位时，你完全有能力胜任，可他把这个机会给了别人；你希望将一个绝妙的策划案交给老板，可他非要代你转交，最后这个方案不但没有通过，还给你惹来麻烦。其实，你哪里知道，他早已帮你"改得"面目全非；你为一个项目的完成，向负责人提了很多建议，对方铁了心就是不听你的，最后项目失败了，他又反过来把责任推到你身上。

好吧，第一次我们吃吃亏，就让对方压制吧！你所要做的不是爆发，不是争吵，也不是去老板那里告状，你首先要做的就是自我检讨，看看你是不是真得太高调，让对方觉得你越权了，对他指手画脚了？还是自己展现得太露骨了？如果是，你尽可以收敛一下，展现不一定在这一时半会，你要想有更好的施展平台，就得读懂一个"忍"字。

2. 摸清对方的底细

保持低调是在做好自己的本职工作，让对方挑不出毛病的同时，还能对讨厌你的人敬上三分，让其感觉你在他手下干活就得听他领导，你的气焰不能太甚，你的光芒更不能超过他。当他觉得你已经被他压制在一个角落里后，就会减少对你的关注。就在对方放松警惕时，你要开始留意他的一言一行，摸清他的底细，掌握他的优势、劣势。学习他的长处，补足自己的短处。同时也要找出他所怕的人，所怕的事。知己知彼，百战不殆，当你了解清楚他的这些东西后，不但完善了自己，超越对方，还能寻找合适的机会摆脱他的讨厌。

3. 处理好同事间的关系

当你的能力受到对方的压制后，你所要做的不是怨天尤人，或者叹息遇人不淑。你依旧可以保持乐观的态度，在做好自己本职工作的同时，积极搞好人际关系，跟你的同事友好共处，尽量在他们心目中树立友好、善良、乐于助人的大好人形象。得不到上司的青睐，但一定要得到众人的拥护，毕竟得民心者得天下！

4. 寻找可以展现自己的机会

当你觉得自己"招兵买马"，无论是能力，还是人际关系已经大大超越对方时，那么就是你找准机会，在真正能赏识你的人面前展示自己的时候了。留意那些全体员工和领导层都参加的会议，看看自己有没有机会一展身手，将一个金光闪耀的自己全面展现于众人面前。无论你如何展现，一点一滴都要拿捏好，要让人觉得你不是刻意求宠，仅仅是在这样一个契机下，让自己的才能发挥出来而已。

急救疗法E：理智应对"小人"的伤害

提防小人，但不可得罪小人，这是处世保身之道。

　　余秋雨先生在一篇散文中曾提到"小人"的问题，他说，英雄们在临终的时候，觉得最为痛恨的人不是自己的劲敌，他们往往从牙缝里挤出两个字：小人。看来，"小人"不小，他们的能量大着呢！他们可以做汉奸、叛徒，他们可能装出种种可怜的样子，以博得你的帮助，当你失去利用价值的时候，他们就可能反过来咬你一口。蚂蟥的可怕之处是，它以不经意的亲热的方式去吸人血，而小人比蚂蟥还可怕。

　　"小人"每个地方都有，这种人常常是引起一个团体纷扰的罪魁祸首，他们造谣生事、挑拨离间、兴风作浪，令人讨厌，所以人们对这种人不仅敬而远之，甚至还抱着仇视的态度。

　　仇视小人固然足以显出你的正义，但在人性丛林里，这并不是保身之道，反而凸显了你的正义的不切实际，因为你的"正义"公然暴露了这些小人的无耻、不义。可是，再坏的人也不愿意被人批评"很坏"，他们总要披一件伪善的外衣，这是人性，而你特意凸显的"正义"，却照出了小人的原形。这不是故意和他们过意不去吗？君子不畏流言、不畏攻击，因为他问心无愧；小人看你暴露了他的真面目，为了自保，为了掩饰，他是会对你展开反击的。也许你不怕他们的反击，也许他们也奈何不了你，但你要知道，小人之所以为小人，是因为他们始终在暗处，用的始终是不法的手段，而且不会轻易罢手。

你别说你不怕他们的攻击，看看历史的血迹吧，有几个忠臣抵挡得过奸臣的陷害？

所以，和小人保持一定距离就可以了，没有必要疾恶如仇地和他们划清界限，他们也是需要自尊和面子的，何况你也不可能完全"消灭"小人。因为"小人"是一种人性现象，而人性是亘古存在的，因此不如和他们保持一种"生态"上的平衡。而且，有他们的存在，才能彰显你这"正人君子"的价值与可贵。另外有一点也必须了解，"小人"有时也会有一些"正义"，会不留情面地揭露隐私与不法，这对游走于法令边缘的人，未尝不是一种威胁，因此"小人"还是有某种存在价值的。

君子与小人，是各色人物中的两极。清代金兰生所编《格言联璧》中讲到如何对待君子与小人时说："小人固宜远，然断不可显为仇敌；君子固当亲，亦不可曲为附和。"讲的是对小人既不亲近，也不公开结为仇敌，对君子可以亲近，但不可曲意逢迎。这比较合乎洁身自好的待人之道。

有句话说："宁可得罪十个君子，也不得罪一个小人。"洪应明在《菜根谭》中也说到这个问题："休与小人结仇，小人自有对头；休向君子诌媚，君子原无私惠。"这虽然有"明哲保身"的味道，但区别待人的思想可供我们参考。勿媚君子的道理是很清楚的，君子有处世的原则，低声下气地去讨好君子，只会引起反感，自找没趣。为什么不要和小人结仇？这是因为小人胡搅蛮缠，和小人争论是非，是白白浪费精力。

测试：看看哪些你无意中的言行最让人接受不了

生活中，我们都会跟各种各样的人接触。有时候，或许你无意的一句话、一些一直自己都不觉的小习惯，很可能就让朋友受不了。这些毛病，你自己都浑然不觉，但它就是让人受不了。下面我们就来测试一下吧。

1. 对于新开业的店铺你情有独钟

Yes→第5题

No→第2题

2. 你很害羞？

Yes→第3题

No→第7题

3. 你把朋友看得比什么都重要，甚至胜过情人

Yes→第4题

No→第7题

4. 你常常健忘？

Yes→第8题

No→第7题

5. 你总是把自己的一些高兴、好玩儿的事儿拿出来与别人分享

Yes→第6题

No→第2题

6. 太阳和月亮相比，你比较喜欢月亮

Yes→第9题

No→第3题

7. 你总是不按常理出牌，做出一些让人意想不到的事儿

Yes→第11题

No→第10题

8. 你是一个没有什么耐心的人

Yes→第12题

No→第11题

9. 你不喜欢出风头，在KTV里从不会与人抢着唱歌

Yes→第13题

No→第14题

10. 你总是伪装自己，很少在别人面前流露真感情，比如哭

Yes→第9题

No→第14题

11. 你害怕孤独，喜欢热闹

Yes→第15题

No→第16题

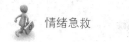

12. 你身上有许多怪癖

Yes→第16题

No→第11题

13. 遇到一些高兴的事儿，你总是忘乎所以

Yes→A

No→B

14. 你不喜欢在家里待着，喜欢四处游玩

Yes→第15题

No→第13题

15. 你是一个不喜欢是非的人，不爱听八卦，也不爱说八卦

Yes→B

No→C

16. 走在大街上，你经常会邂逅一些熟人

Yes→C

No→D

结果：

A. 你是一个很容易接近也很容易相处的人，他人说什么你都表示赞同，你都说好，似乎很没有原则，但是你并不是一个真的没有主见的人，你只是随便敷衍地回答。

B. 你给人的感觉难以接触，不太好相处。你总是以一种漠不关心的姿态去看待眼前的这个世界，似乎没有什么感兴趣的。因此，你也总是会错失一些机会。

C. 你是一个嫉妒心很强的人，你比别人好，你就高兴；如果你比别人差，你就怨天尤人，想办法去破坏别人的好事儿。这样可不行，你得学着改一下。

交流中的男人

第六章

烦恼：学会解忧，化解自己的烦恼

挣脱了心灵的枷锁，打破了心中的瓶颈，才能追求一份淡泊宁静；解开了心中的疙瘩，就能释放内心的压抑。悉数生活中的烦恼事，大多因心境而生、庸人自扰所形成。你不提它，烦恼也就不存在，你放不下，烦恼就会时刻跟着你。感谢烦恼，给你一个净化心灵的机会，还你精神畅快。

关键词

怨天尤人　负担　折磨　枷锁　压抑

人的烦恼从何而来

有个长发公主叫雷凡莎，她头上披着很长很长的金发，长得很俊很美。雷凡莎自幼被囚禁在古堡的塔里，和她住在一起的老巫婆天天念叨雷凡莎长得很丑。

一天，一位年轻英俊的王子从塔下经过，被雷凡莎的美貌惊呆了。从这以后，他天天都要到这里来一饱眼福。雷凡莎从王子的眼睛里认清了自己的美丽，同时也从王子的眼睛里发现了自己的自由和未来。有一天，她终于放下头上长长的金发，让王子攀着长发爬上塔顶，把她从塔里解救出来。

囚禁雷凡莎的不是别人，正是她自己，她以为自己长得很丑，不愿见人，就把自己囚禁在塔里。

人在很多时候就像这个长发公主，很容易被种种烦恼和物欲所捆绑，自己被自己所束缚。仔细想想，在人生的海洋中，我们犹如一条游动的鱼，本来可以自由自在地游动，寻找食物，欣赏海底世界的景色，享受生命的丰富情趣。但突然有一天，我们遇到了珊瑚礁，然后就不愿再前进了，并且呐喊着说自己陷入了绝境。这样自己给自己营造了心灵的监狱，然后钻进去坐以待毙。想想这不可笑吗？

在生活水平不断提高的今天，我们的感觉不是快乐与日俱增，而是凭空增加了许多烦恼，笑声越来越少。这是为什么？

心是烦恼的关键。现代人一心追逐名利，心中充满欲望，在乎太多，想让别人都喜欢自己，整天患得患失，自然会有烦恼。一个为追求名利而苦恼的人，是因为他的心不肯停止追求，才会苦恼；一个为失恋而痛苦的人，只是因为他不肯放弃失去的爱，痛苦就成了必然的结果。正如高尔基所说："对一个人来说，最大的痛苦莫过于心灵的沉默。"整日劳苦奔波，身不得闲，而心灵欲念膨胀，被杂念纠缠，故亦不得闲，烦恼便由此而生。

捂脸为烦恼所愁的人

　　一个年轻人四处寻找解脱烦恼的秘诀。他见山脚下绿草丛中一个牧童在那里悠闲地吹着笛子，十分逍遥自在。年轻人便上前询问："你那么快活，难道没有烦恼吗？"

　　牧童说："骑在牛背上，笛子一吹，什么烦恼也没有了。"

　　年轻人试了试，烦恼仍在。于是他只好继续寻找。

　　他来到一个小河边，见一老翁正专注地钓鱼，神情怡然，面带喜色，于是便上前问道："您能如此投入地钓鱼，难道心中没有什么烦恼吗？"

　　老翁笑着说："静下心来钓鱼，什么烦恼都忘记了。"

　　年轻人试了试，却总是放不下心中的烦恼，静不下心来。于是他又往前走。他在山洞中遇见一位面带笑容的长者，便又向他讨教解脱烦恼的秘诀。

　　老年人笑着问道："有谁捆住你没有？"

　　年轻人答道："没有啊！"

　　老年人说："既然没人捆住你，又何谈解脱呢？"

　　年轻人想了想，恍然大悟，原来自己的烦恼正是被自己设置的心理牢笼束缚的东西。

　　人生的确充满许多坎坷，许多愧疚，许多迷惘，许多无奈，稍不留神，我们就会被自己营造的心灵监狱所监禁。而心狱是残害我们心灵的杀手，它在使心灵凋零的同时又严重地威胁着我们的健康。

苦乐参半才是人生

人生路坎坷的时日居多，升学、工作、晋级、成家，哪一个环节都不可能一帆风顺，大部分时间我们都在负重而行。领导同事的误会、工作上的摩擦、生活上的不如意都是令人难过的源泉，这时候就得有负重而行的心理承受力。如果不够宽容，不够豁达，不会变通，最终会把自己逼入死角。

人生这么短，何必要让自己在名利中折腾呢？攀比只会产生烦恼。开奔驰的固然威风潇洒；并肩漫步又另有一番幸福甜蜜。怎样才是一个完整的家？不是豪华洋房，昂贵花苑；而是两个人共同建筑、共同守护的"城堡"！我们这座城堡，牵着手才能找到，幸福是因为互相依靠。"城堡"的大小不在于它的实际面积，而在于两人心里的感觉。感情这个地基打得越牢固，日久你就会越感到它的"宏伟"。

刘墉先生对人生的解释是："面对人生的起起落落，人生的恩恩怨怨，却能冷冷静静——化解，有一天终于顿悟，这就是人生。"

在生活中，常常听有人抱怨到活得太辛苦，压力太大，其实这往往是因为我们还没有衡量清楚自己的能力、兴趣、经验之前，便给自己在人生各个路段设下了过高的目标，这个目标不是根据个人实际情况制定的，而是和他人比较制定的，所以每天为了完成目标，不得不背着责任的包袱去生活，不得不忍受辛苦和疲惫的折磨。

人首先要为自己负责任。有的人不看实际情况，要求自己必须考上名牌大学，必须学热门专业，认为这是自己的责任，只有这样才算完美人生。许多大学毕业生不愿去基层，不愿去艰苦地区，就是因为他们人生的背篓中背负有太多的责任。这种以私利为出发点的个人抱负，已褪变为一个包袱压在身上，让人喘不过气来。可有人却乐此不疲。

人们常说："什么事都归咎于他人是不好的行为。"但真的是这样的吗？许多人动不动就把错误归咎于自己，其实这

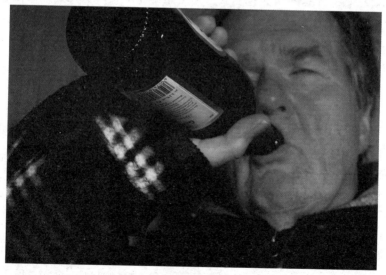

借酒消愁的男人

也是不正确的观念。比如说，有的人因孩子学习不好而整天苦恼，因孩子没考上大学而内疚。只要自己尽力去为孩子做该做的一切了，因为其他原因而落榜，怎么能把责任归到自己身上呢？再者，塞翁失马又安知非福呢？指不定孩子能在其他方面有成就呢。

了解自己，就不必勉强自己，不必掩饰自己，也不会因背负太重的责任包袱而扭曲自己。如此，就能少一些精神束缚，多几分心灵的舒展，就少一点自责，多几分人生的快乐。

有的人对自己和社会格格不入的个性感到相当烦恼，可是后来把它想成：这种个性是与生俱来的，是上天所赐予的，并非自己努力不够。这样一想，也就不再责备自己，不再烦恼了。

歌德曾经说过："责任就是对自己要求去做的事情有一种爱。"只有认清了在这个世界上要做的事情，认真去做自己喜爱的事，我们就会获得一种内在的平静和充实。知道自己的责任之所在，并背负了适合自己的责任包袱，我们就能体会到人生旅途的快乐。

生活中有许多不快乐与抱怨生活烦闷，感到人生不顺的时候，应该让自己明智一点，不要用"高标准"去为难自己，卸掉自己背负的沉重包袱，不再折磨自己。每个人都不知道未来怎样，但我们不应该想生活怎样，应该多想想怎样生活。

急救疗法A：别跟自己过不去

太多的人悲叹生命的有限和生活的艰辛，却只有少数人能在有限的生命中活出自己的快乐。一个人快乐与否，主要取决于什么呢？主要取决于一种心态，特别是如何善待自己的一种心态。

生活中苦恼总是有的，有时人生的苦恼，不在于自己获得多少，拥有多少，而是因为自己想得到更多。一些人有时想让很多人喜欢自己，但不管自己怎么好都会有人讨厌你，所以便感到失望与不满。然后，就自己折磨自己，说自己"太笨""不争气"等，就这样经常自己和自己过不去，与自己较劲。

其实，静下心来仔细想想，生活中的许多事情，并不是你的能力不强，恰恰是因为你的愿望不切实际。要相信自己的天赋具有做种种事情的才能，当然相信自己的能力并不是强求自己去做一些能力做不到的事情。事实上，世间任何事情都有一个限度，超过了这个限度，好多事情都可能是极其荒谬的。我们应时常肯定自己，尽力发展我们能够发展的东西。只要尽心尽力，积极地朝着更高的目标迈进，心中就会保存一份悠然自得，从而也不会再跟自己过不去，责备、怨恨自己了，因为你尽力了。即便在生命结束的时候，我们也能问心无愧地说："我已经尽了最大的努力"，那么，你真正的此生无憾了！

所以，凡事不跟自己过不去，要知道，每个人都有或这或那的缺陷，世界没有完美的人。这样想来，不是为自己开脱，而是使心灵不会被挤压得支离破碎，永远保持对生活的美好认识和执着追求。

不跟自己过不去，是一种精神的解脱，它会促使我们从容走自己选择的路，做自己喜欢的事。假如我们不痛快，要学会原谅自己，这样心里就会少一点阴影。这既是对自己的爱护，又是对生命的珍惜。

对于外界产生的烦恼，如果只凭调整心态仍挥之不去，那就不妨把烦恼和痛苦说出来。宣泄一下，找人倾诉，都会使心灵得到宽慰。

比如，当心情不好时，可以打开日记本，把所有的忧郁、烦恼和不快都融入笔端，写入日记，这样一方面可以宣泄心中的不快，另一方面可以厘清心绪，平静心情，有时还能"顿悟"和释然。你可以在日记中倾诉生活的烦恼，可以"痛骂"给你带来不快的领导，可以"诉说"失恋给你带来的伤痛。总之，一切的不快乐都可以在日记中宣泄，而宣泄过后，肯定会有如释重负的感觉。

如果说写日记是向自己倾诉，那么写信或谈话便是向知音、朋友、师长等信任的人倾诉。你可以从他们那里得到同情、理解和帮助。只要勇于打开心扉，朋友便会尽力帮你减轻心理负担的压力，为你分担坏心情。

此外，在忧郁、烦闷时，你也可以痛哭一场，可以大吼几声，可以放声高唱或打球、跑步、洗澡，借此来忘掉忧愁。但任何宣泄方法都不可过分，更不能伤害别人或自残，应当适时、适度地宣泄。

烦恼和痛苦不要憋在心里，这样只会让人更压抑，长期下来容易引发其他心理疾病。因此，有了烦恼不妨对人说说，或者向他人寻求解脱烦恼的良方，这不失为安慰身心的一个良策。

其实，有的烦恼是自找的。对于这种莫名的烦恼，大可不必放在心上。世间本无事，庸人自扰之。想开了，放下了，烦恼便会自动消除，痛苦感也将化为乌有。

急救疗法B：烦恼也许很多，笑一笑就能快乐

有个王子，一天吃饭时，喉咙里卡了一根鱼刺，医生们束手无策。这时一位农民走过来，一个劲地扮鬼脸，逗得王子止不住地笑，终于吐出了鱼刺。

一对夫妻因为一点生活琐事吵了半天，最后丈夫低头喝闷酒，不再搭理妻子。吵过之后，妻子先想通了，便想和丈夫和好，但又感到没有台阶可下，于是她便灵机一动，炒了一盘菜端给丈夫说："吃吧，吃饱了我们接着吵。"一句话把正在生闷气的丈夫给逗乐了，见丈夫真心地笑了，她自己也乐开了。

就这样，一场矛盾在笑声中化解开来。

雪莱说过："笑实在是仁爱的表现，快乐的源泉，亲近别人的桥梁。有了笑，人类对感情就容易沟通了。"

不妨给自己一个笑脸，让来自心底的那份执着，鼓舞自己插上理想的翅膀，飞向最终的成功；让微笑激励自己产生前行的信心和动力，去战胜困难，闯过难关。

笑是快乐的象征，是快乐的源泉。笑能化解生活中的尴尬，能缓解工作中的紧张气氛，也能淡化忧郁。既然笑声有这么多的好处，我们有什么理由不让生活充满笑声呢？不妨给自己一个笑脸，让自己拥有一份坦然；还生活一片笑声，让自己勇敢地面对艰难。这是怎样的一种调解，怎样的一种豁达，怎样的一种鼓励啊！

我们的一生，也可以像那艘不沉之船一样，勇往直前。只要我们不放弃希望，乐观地对待人生的每一次挫折。

急救疗法C：不在无意义的小事上浪费心思

小的时候，你是否曾经被这样的无聊想法日日夜夜地折磨着，心里总是充满了忧虑。暴风雨来的时候，担心被闪电打死；日子不好过的时候，担心东西不够吃；另外，还怕死了之后会进地狱；怕任何一个比你大的男孩会威胁你，或无缘无故

地揍你一顿；怕女孩子在你向她们问好的时候取笑你；怕将来没一个女孩子肯嫁给你；还为结婚之后该对自己的妻子或丈夫说的第一句话是什么而操心……常常花几个小时想这些惊天动地的，却又不得不承认是杞人忧天的问题。

日子一年年过去了，你渐渐发现，你所担心的事情中有99%的根本就不会发生。比如，你以前很怕闪电。可是现在你肯定知道，你有幸被闪电击中的概率大约只有35万分之一。

事实上，我们在嘲笑这些在童年和少年时所忧虑的事时，是否想过很多成年人的忧虑，也几乎一样的荒谬。如果根据平均法则考虑一下人们的忧虑究竟值不值得，并真正做到好长时间内不再忧虑，人们忧虑中有90%可以消除。

罗温娜太太是一位平静、沉着的女人，她好像从来没有忧虑过。有一天夜晚，她和友人坐在熊熊的炉火前，当友人问她是不是曾经因忧虑而烦恼过时，她就给友人讲述了下面的故事：

以前，我觉得我的生活差点被忧虑毁掉了。在我学会征服忧虑之前，我在自作自受的苦难中生活了11个年头。那时候我脾气很坏，很急躁，总是生活在非常紧张的情绪之下。每个礼拜，我要从在圣马特奥的家乘公共汽车到旧金山去买东西。可是就算在买东西的时候，我也愁得要命——也许我又把电熨斗放在熨衣板上了；也许房子烧起来了；也许我的女佣人跑了，丢下了孩子们；也许孩子们骑着自行车出去，被汽车撞了。我买东西的时候，常常会因担忧而弄得冷汗直冒，然后冲出店去，搭上公共汽车回家，看看是不是一切都很好。我的丈夫是一个很平静、事事能够加以分析的人，从来没有为任何事情忧虑过。每次我神情紧张或焦虑的时候，他就会对我说："不要慌，让我们好好地想一想……"

你是否也像这位罗温娜太太那样整日做无谓的担忧呢？你真正担心的到底是什么？其实，当你回顾过去时会发现，大部分的忧虑都是毫无意义，甚至荒谬得可笑。

这让我们不禁想起了那句成语"杞人忧天"。一个成天担心天会塌下来，并为此寝食难安的人，他的生活会快乐吗？身心能够得到轻松吗？当我们都在对杞人忧天嗤之以鼻的时候，我们是否该反思一下自己，是不是也常常在不自觉地成为一个"杞人"。

不必为一些无意义的事情而担忧，与其费尽心思地想根本不可能发生的事情，不如认真地思考当前需要解决的实际问题。不在无谓的事情上耗费精力，不想没用的事，就会少一些烦恼。

急救疗法D：抓大放小，学会选择放弃不必要的

要做大事，须统观全局，不可纠缠在小事之中，摆脱不

出。许多很有潜力的人正是被一些次要、渺小的东西阻挡了前进之路，有些人甚至因为斤斤计较而毁了自己的一生。

处理事情的时候，一味地强调细枝末节，以偏概全，就会抓不住要害问题去做工作。没有重点，头绪杂乱，不知道从哪里下手就做不成任何事情。为什么总把眼光盯在细枝末节上边呢？不去纠缠小节、小问题，选择最重要的，才是做事的方法。

《淮南子》中的"九方皋相马"的故事就是一个很好的例子：

秦穆公对伯乐说："您的年纪大了，您的家里有能去寻找千里马的人吗？"伯乐回答说："好马可以从外貌、筋骨上看出来。但千里马很难捉摸，其特点若隐若现，若有若无，我的儿子们都是才能低下的人，我可以告诉他们什么是好马，但没有办法告诉他们什么是天下的千里马。我有一个朋友，名字叫九方皋。他相马的本领，不比我差，请您召见他吧！"

于是，秦穆公召见了九方皋，派遣他去寻找千里马。3个月之后，九方皋回来了，向秦穆公报告说："千里马已经找到了，在沙丘那个地方。"秦穆公问他："是一匹什么样的马呢？"九方皋回答说："是一匹黄色的母马。"秦穆公派人去看，结果是一匹公马，而且是黑色的。秦穆公非常不高兴，于是将伯乐召来，对他说："真是糟糕，您推荐的那个寻找千里马的人，连马的颜色和雌雄都分辨不出来，又怎么能知道是不是千里马呢？"伯乐长叹一声说道："他相马的本领竟然高到了这种程度！这正是他超过我的原因啊！他抓住了千里马的主要特征，而忽略了它的表面现象；注意到了它的本领，而忘记了它的外表。他看到他应该看到的，而没有看到不必要看到的；他观察到了他所要观察的，而放弃了他所不必观察的。像九方皋这样相马的人，才真正达到了最高的境界！"那匹马，果然是天下难得的千里马。

很多男人常常会埋怨陪伴女人买东西，既费时间，又很劳累。她们不是对布料不满意，就是对式样百般挑剔，或者觉得虽然式样勉强过得去，可惜质地实在不行，因为各种因素而犹豫不决，结果常常空手而归。其实，这些毛病并非只有女人才有，一般人在工作或读书的时候，也会拘于小节而失去大局。

一个人对于某事犹豫不决时，就会发生如上的迷惑或彷徨。这时候，如能针对自己的目的，抓住核心问题来研究，就可以发现一条排除迷惑的大道。比如，你要选购西装，不妨先明确地限定是何种花纹、式样、布料，如果决定以花纹为主，那么式样和质料就可以作为次要考虑的条件。如果抓住重点来研究，自然能果断地选购，而且以后也不会遭到别人的埋怨，自己也不会后悔。

我们看问题应该把着眼点放在较大的目标上。如果用部队里的术语来说，我们宁愿失去一场战斗而赢得一场战争，也不

愿因赢得一场战斗而失去整个战争。

无论是用人还是做事，都应从大局出发，不要因为一点小事而妨碍了事业的发展。我们要用的是一个人的才能，不是他的过失。

急救疗法E：别为打翻的牛奶哭泣

令人后悔的事情，在生活中经常出现。许多事情做了后悔，不做也后悔；许多人遇到要后悔，错过了更后悔；许多话说出来后悔，说不出来也后悔……人的遗憾与后悔情绪仿佛是与生俱来的，正像苦难伴随生命的始终一样，遗憾与悔恨也与生命同在。

人生一世，花开一季，谁都想让此生了无遗憾，谁都想让自己所做的每一件事都永远正确，从而达到自己预期的目的。可这只能是一种美好的幻想。人不可能不做错事，不可能不走弯路。做了错事，走了弯路之后，有后悔情绪是很正常的，这是一种自我反省，正因为有了这种"积极的后悔"，我们才会在以后的人生之路上走得更好、更稳。

但是，如果你纠缠住后悔不放，或羞愧万分，一蹶不振；或自惭形秽，自暴自弃，那么你的这种做法就真正是蠢人之举了。

古希腊诗人荷马曾说过："过去的事已经过去，过去的事无法挽回。"的确，昨日的阳光再美，也移不到今日的画册。我们又为什么不好好把握现在，珍惜此时此刻的拥有呢？为什么要把大好的时光浪费在对过去的悔恨之中呢？

　　覆水难收，往事难追，后悔无益。

　　据说一位很有名气的心理学老师，一天给学生上课时拿出一只十分精美的咖啡杯，当学生们正在赞美这只杯子的独特造型时，教师故意装出失手的样子，咖啡杯掉在水泥地上成了碎片，这时学生中不断发出了惋惜声。可是这种惋惜也无法使咖啡杯再恢复原形。"今后在你们生活中如果发生了无可挽回的事时，请记住这破碎的咖啡杯。"

　　破碎的咖啡杯，恰恰使我们懂得了：过去的已经过去，不要为打翻的牛奶而哭泣！生活不可能重复过去的岁月，光阴如箭，来不及后悔。从过去的错误中吸取教训，在以后的生活中不要重蹈覆辙，要知道"往者不可谏，来者犹可追"。

　　错过了就别后悔。后悔不能改变现实，只会减少未来的美好，给未来的生活增添阴影。让我们牢记卡耐基的话吧："要是我们得不到我们希望的东西，最好不要让忧虑和悔恨来苦恼我们的生活。且让我们原谅自己，学得豁达一点。"

　　尽管忘记过去是十分痛苦的事情，但事实上，过去的毕竟已经过去，过去的不会再发生，你不能让时间倒转。无论何时，只要你因为过去发生的事情而损害了目前存在的意义，你就是在无意义地损害你自己。超越过去的第一步是不要留恋过去，不要让过去损害现在，包括改变对现在所持的态度。

如果你决定把现在全部用于回忆过去、懊悔过去的机会或留恋往日的美好时光，不顾时不再来的事实，希望重温旧梦，你就会不断地扼杀现在。因此，我们强调要学会适当地放弃过去。

放弃过去并不意味着放弃你的记忆，或要你忘掉你曾学过的有益事情，这些事情会使你更幸福、更有效地生活在现在。

要是我们得不到希望的东西，最好不要让悔恨来苦恼我们的生活。且让我们原谅自己，学得豁达一点。

急救疗法F：把复杂的问题简单化

在这个纷繁复杂的社会中，我们感到活得实在太累了。一道道人生难题摆在我们的面前，需要我们去破译，去求证，去解答，去挣扎。一个人的智慧和力量毕竟是有限的，面对一张生活的大网和一团乱麻的人生，我们往往显得力不从心，甚至有一种贫血的感觉。现代人的生活到处都充斥着金钱、功名、利欲的角逐，到处都充斥着新奇和时髦的事物。被这样复杂的生活所牵扯，我们能不疲惫吗？

人生本来有很多种选择，也有很多种活法，但我们往往过于追求完美，把原本很简单的事情搞得复杂化，因而常常被弄得很苦很累很浮躁。比如，同是生命的个体，本是相互平等，却非要仰人鼻息，察人脸色，揣人心事，日子过得诚惶诚恐、没滋没味。本来是很容易处理的一件事，却总是谨慎有余，小心翼翼，生怕因此触动了那张敏感的关系网。面临人生途中的一些选择，我们本不需要动太多脑筋，却非得瞻前顾后、左顾右盼一番不可，结果丧失了最佳时机，到头来后悔不迭……

其实，有很多小事是我们自己夸大了它，有许多简单的问题被我们附加了很多不必要的步骤而变得复杂起来。

作家荷马·克罗伊讲了一个他自己的故事。过去他在写作的时候，常常被纽约公寓热水灯的响声吵得快要发疯了。后来，有一次我和几个朋友出去露营，当我听到木柴烧得很旺时的响声，我突然想到：这些声音和热水灯的响声一样，为什么我会喜欢这个声音而讨厌那个声音呢？回来后我告诫自己：火堆里木头的爆裂声很好听，热水灯的声音也差不多。我完全可以蒙头大睡，不去理会这些噪声。结果，头几天我还注意它的声音，可不久我就完全忘记了它。很多小忧虑也是如此。我们不喜欢一些小事，结果弄得整个人很沮丧。其实，我们都夸张了那些小事的重要性。

梭罗有一句名言感人至深："简单点儿，再简单点儿！奢侈与舒适的生活，实际上妨碍了人类的进步。"当生活上的需要简化到最低限度时，生活反而更加充实。因为我们已经无须为了满足那些不必要的欲望而使心神分散。简单不是粗陋，不

127

是做作，而是一种真正的大彻大悟之后的升华。

简单地做人，简单地生活，想想也没什么不好。金钱、功名、出人头地、飞黄腾达，当然是一种人生。但能在灯红酒绿、推杯换盏、斤斤计较、欲望和诱惑之外，不依附权势，不贪求金钱，心静如水，无怨无争，拥有一份简单的生活，不也是一种很惬意的人生吗？毕竟，你用不着挖空心思去追逐名利，用不着留意别人看你的眼神，没有锁链的心灵，快乐而自由，随心所欲，该哭就哭，想笑就笑，虽不能活得出人头地、风风光光，但这又有什么关系呢？

对待得失，我们不妨简单一些。生活对每个人都是公平的，有得就有失，有失就有得，塞翁失马，焉知非福，得与失是可以相互转化的。只要拥有一颗平常心，去善待生活中的不平事，与世无争，知足常乐，少一份嫉妒，多留一些时间和精力做自己喜欢的事，命运的光环自然会降落在你的头上。即使命不由人，也不必斤斤计较，你走你的阳光道，我过我的独木桥，你有你的活法，我有我的活法，眼睛里何必揉进一颗难受的沙子。抛去名利，放开权欲，用简单的心走过自己轻松而快乐的人生。若干年后，当我们回味起来时，就不会感到寂寞，不会牢骚满腹，怨天尤人。

在是非面前，我们不妨简单一些。社会是一盘杂菜，什么货色都有，人上一百，形形色色，个中是非众人自有公论，道德自有评价。对此，我们不必去理会谁在背后说人，谁在人前被人说；也不必理会谁投来的一抹轻蔑，谁射过来的一瞥白眼。对那些微妙的人际关系，不妨视而不见，充耳不闻，排除一切有形或者无形的干扰，不必计较自己是吃了亏还是占了便宜。只要拥有一颗正直的心，忧国之所忧，想己之所想，不损国家，不谋私利，把家与国统一起来，我们心中的阴霾就会一扫而空，心境也会因此变得日益明朗和愉快起来。

此外，在待人处世方面，我们也不妨简单一些。我们总是生活在一定的社会环境中，每天都要和各种各样的人打交道。对家人，对同事，对邻居，对朋友，其交往的程度还是平淡一点好。君子之交淡如水，何必纠缠于那些不胜其烦的繁文缛节之上。只有脱去一切伪装，善于真诚待人，相互宽容，相互帮助，心灵不设防，不要两重人格，有快乐共同分享，有困难共同分担，人与人之间就会架起一座理解与信任的桥梁，人间的真情就会开出绚丽的花朵。

生活是丰富多彩的，如晴空，如白云，如彩虹，如霞光，只要我们以简单之心去面对复杂的世界，生活的琼浆便汩汩而出，酿造出最甜最美的生活之汁。

生活未必都要轰轰烈烈，"云霞青松作我伴，一壶浊酒清淡心"，这种意境不是也很清静自然，像清澈的溪流一样富有诗意吗？生活在简单中自有简单的美好，这是生活在喧嚣中的人所渴求不到的。晋代的陶渊明似乎早已明了其中的真意，所以有诗云："结庐在人境，而无车马喧。问君何能尔？心远地

自偏。采菊东篱下，悠然见南山。山气日夕佳，飞鸟相与还。此中有真意，欲辩已忘言。"简单的生活其实是很迷人的：窗外云淡风轻，屋内香茶萦绕，一束插在牛奶瓶里的漂亮水仙，穿透洁净的耀眼阳光，美丽地开放着；在阳光灿烂的午后，你终于又来到了年轻时的山坡，放飞着童年时的风筝；落日的余晖之中，你静静地享受着夕阳下清心寡欲的快乐……活得简单些，这就是人生的最深内涵。

人的社会性决定了每个个体生命都要经历一定的人和事，这就要求我们必须有正常的心态和驾驭生活的能力。其实，这个世界并不复杂，复杂的是人自己本身，只要我们心想得简单一些，生活的天空便一片明媚。

测试：看看你的烦恼因何而起

假如你正乘坐在热气球上，原本在天空中自由自在的飞翔，突然热气球发生了故障，有往下降的危险，这时需要你把自己随身携带的东西往下抛，这时你最先抛哪样，有下面几个选项，请你选一下（　　　）

A. 大时钟

B. 照相机

C. 放行李的大皮箱

D. 猪大肠刺身多条

E. 灯

结果：

A. 这里的时钟代表健康的身体。为什么这样说呢，因为随着时钟规律的嘀嘀嗒嗒地计时，我们的身体也在有规律地正确地运作着。所以，如果你把这个丢掉，表示你的健康出了状况，请关注身体，注意健康。

B. 这里的照相机是代表你周遭的环境。这是因为照相机是用来记录你身边的风景和人事的。想必你首先想到把这个扔掉，是因为你无法掌握周遭的环境，而正为自己的未来烦恼着。

C. 皮箱在这里代表金钱。因为皮箱是用来装东西的。你把皮箱丢掉，表示你在金钱上困难，或许是收入不多，或许是有房贷等问题困扰着你。

D. 我们都知道，猪大肠在食用前，必须要洗净，这就有点像我们脱掉身上的衣服，因此在这里代表自己的情人。因此，选这项的人，你很有可能正在遭遇感情问题，或者失恋，或者异地恋。

E. 灯往往是家的象征，如果你选这项，说明你的家庭有可能有变故，或者离婚或者家庭不和。最近你因此而烦恼着。

凝望

第七章
羞辱一笑而过，化羞辱为动力

　　嘲笑和讥讽是道德缺失、仗势欺人的产物。很多人以为自己有某方面的优势，就自鸣得意，并经常拿自己的优势当作武器去攻击和诋毁别人。但这种攻击并未打倒和损伤被嘲讽者，正是这种刺激唤醒了被嘲讽者的尊严，激发了被嘲讽者的斗志。所以面对羞辱，我们要一笑而过，化羞辱为动力。感谢嘲讽你的人，让你摆脱了小人物的地位，跻身于大人物之列。

关键词

嘲笑　讥讽　羞辱　嘲弄　责难

大千世界，总会遇到点奇葩的人和事儿

大千世界，无奇不有，每天我们都会遇到形形色色的人，也会经历各种各样的事儿。所以，凡事不要太过在意。

曾经有位诗人说："一个敏感的人天生就生活在苦难之中。"有些羞辱是称呼上所带来的，比如：我们在教育孩子的时候，经常会说，你不好好学习，将来就扫大街去，或者将来就在家种地。其实，这些就是神逻辑，不对的。扫大街怎么了呢，农民种地种出学问的有的是。但在有些人的眼里他们就是那么认为的。这些分工上的不同被这么说，是不妥。

自己工作很努力，但还是不出成绩，这时，自己的主管肯定会说说你的，言谈中难免说的重了些，比如，你怎么这么笨呢，我就没有带过这么笨的徒弟，等等。

你好心好意地帮助了一位老人，老人却跟你说，小伙子，你说吧，你想要多少钱，开个价吧。顿时，你就火冒三丈，感觉自己的人格被侮辱了。你的善意被人解读成了你是想谋财。

……

其实，这些都没什么，不要太在意。一些原则上大是大非的问题，我们该反击反击。一些小事儿上，我们大可不必动怒，我们大可一笑，如果实在是气不过，便化羞辱为动力，努力提高自己，改变自己的现状，让他人刮目相看。

面对羞辱，我们通常的反应

当我们受到别人的侮辱、践踏后，常常会失去理智，恨不得立即出手还击。有的时候，自己被职位高、能力强、有靠山的人践踏，要么忍气吞声咽下这口气，要么背地里实施报复。

遭遇羞辱之后愤怒离开

遇到他人羞辱自己时，一定要冷静。假如对方失去理智，那么你就更应该保持清醒。暂时性的吃亏，并不会对你造成多大的损失。留得青山在，不怕没柴烧，将这顿屈辱接受并收藏，当某一天自己获得成功后，你完全可以连本带利地还给对方。这个"还"并不是等你强大了去欺负比你弱小的他，而是用你的宽宏大量让对方为自己当初的行为羞耻不已，并长久地不安。只有让对方产生不安，产生危机感，你的"仇"才算报得精妙绝伦。

急救疗法A：面对无赖，姑且承认机智反击

有一个常愚弄他人而自得的人，名叫张三儿。这天早晨，他正在门口吃着面包，忽然看见杰克逊大爷骑着毛驴哼哼呀呀地走了过来。于是，他就喊道："喂，吃块面包吧！"大爷连忙从驴背上跳下来，说："谢谢您的好意，我已经吃过早饭了。"张三儿一本正经地说："我没问你呀，我问的是毛驴。"说完得意地一笑。

大爷以礼相待，却反遭一顿侮辱。是可忍，孰不可忍！他非常气愤，可是又难以责骂这个无赖。无赖会说："我和毛驴说话，谁叫你插嘴来着？"于是大爷抓住汤姆语言的破绽，进行狠狠的反击。他猛然地转过身子，照准毛驴脸上"啪、啪"

就是两巴掌，骂道："出门时我问你城里有没有朋友，你斩钉截铁地说没有。没有朋友为什么人家会请你吃面包呢？""啪啪"，杰克逊大爷对准驴屁股，又是两鞭子，说："看你以后还敢不敢胡说。"说完，翻身上驴，扬长而去。

大爷的反击力相当强。既然你以你和驴说话的假设来侮辱我，我就姑且承认你的假设，借教训毛驴来嘲弄你自己建立的和毛驴的"朋友"关系，给你一顿教训。

急救疗法B：面对当众羞辱，不妨机智赞赏

大文豪萧伯纳的新作《武装与人》首次公演，获得了很大成功。广大观众在剧终时要求萧伯纳上台，接受大家的祝贺。可是，当萧伯纳走上舞台，准备向观众致意时，突然有一个人对他大声喊道："萧伯纳，你的剧本糟透了，谁要看！收回去吧，停演吧！"

观众们大吃一惊，心想，萧伯纳这回一定会气得浑身发抖，并用高声的抗议来回答那个人的挑衅。谁知萧伯纳不但没有生气，反而笑容满面地向那个人深深鞠了一躬，彬彬有礼地说："我的朋友，你说得很对，我完全同意你的意见。但遗憾的是，我们两个人反对这么多观众有什么用呢？就算我和你意见一致，可我俩能禁止这场演出吗？"几句话引起全场一阵暴

风雨般的掌声。那个故意寻衅的家伙，在观众的掌声中，灰溜溜地走了。

当众遭人指责是一件难堪的事情，但是萧伯纳却一反常人的做法，没有对故意寻衅者反唇相讥，而是大度地赞赏了对方，使其失去锋芒，然后话锋一转，点明其孤立难堪的地位，最终使对方不战而败。

急救疗法C：对无理行为，切中要害反击要猛

对无理行为进行语言反击，不能说了半天不得要领，或词软话绵，而要做到打击点要准，一下子击中要害；反击力量要

被嘲笑的胖女孩

猛，一下子就使对方哑口无言。

有一天，彭斯在泰晤士河畔见到一个富翁被人从河里救起。富翁给了那个冒着生命危险救他的人一块钱作为报酬。围观的路人都为这种无耻行径所激怒，要把富翁再投到河里去。彭斯上前阻止道："放了他吧，他自己很了解他的一条命值多少钱。"

对无理行为进行反击，可直言相告，但有时不宜锋芒毕露，露则太刚，刚则易折。有时，旁敲侧击，绵里藏针，反而更见力量，可使对方无辫子可抓，只得自己种的苦果往自己肚里吞，在心中暗暗叫苦。

遇到无理的行为，首先要做到的就是不要激动，要控制情绪。这个时候的心境平和，对反击对方有重要作用：

一是表现自己的涵养与气量，以"骤然临之而不惊，无故加之而不怒"的大丈夫气概在气质上镇住对方，如一下子就犯颜动怒，变脸作色，这不是勇敢的行为。古人曰："匹夫见辱，拔剑而起，挺身而斗，此不足为勇也。"对方对此不但不会惧怕，反而会对你的失态感到得意。

二是能够冷静地考虑对策，只有平静情绪，才能从容想出最佳对策，否则人都弄糊涂了，就可能做出莽撞之举来，更不要说什么最佳对策了。

在现实生活中，大多数指责者并不是出于恶意而指责别人的，但也有极少数人为了其个人目的而对他人进行恶意中伤。

对于这样的寻衅挑战者，应该坚定地表示自己的态度，不能迁就忍耐，更不能一味宽容而不予回击。回击应注意态度，以柔克刚，这样会使你显得既有气魄，又有力量。

急救疗法D：感谢羞辱，化羞辱为力量

很多年前，美国的就业形势就非常严峻，毕业生找不到工作是司空见惯的事情。库帕作为就业大军中的一员，当他寻觅很久依旧未能找到一份合适的工作后，他决定去一家专门研究无线电的公司碰碰运气。

该公司的老板叫乔治，在无线电研究领域颇有建树。库帕也是一位无线电爱好者，从小就崇拜他，并希望有朝一日能像乔治一样，在无线电领域取得巨大的成就。于是，他来到乔治的公司，一方面希望能得到一份工作，另一方面希望跟乔治学一些东西。

当他敲开对方的办公室门后，正在忙着研究无线电话的乔治未等库帕自我介绍完就粗暴地打断了他，用不屑的眼神打量了一番，问道："你是哪一年毕业的？干无线电多久了？"听闻库帕只是个刚毕业的大学生，仅仅对无线电感兴趣，没有任何工作经验后，他觉得面前这个不知天高地厚的年轻人简直幼稚极了，于是态度粗暴、语气轻蔑地说道："我看你还是出去

吧，我不想再见到你，也请你不要再浪费我的时间！"

原本忐忑不安的库帕此时彻底地平静了下来，他说道："先生，我不计报酬，哪怕给您当个助手都可以。我知道您现在正在研究无线移动电话，我从小就对这个感兴趣，说不定能帮您一点忙呢！"

这一次乔治已经不想再多说什么了，他坚决地下了逐客令。一番艰难的争取并未换来对方的认可，反而遭到白眼和羞辱后，库帕说道："乔治先生，总有一天您会正眼看我的！"不久后，库帕便在美国摩托罗拉公司找到了一份工作，并且借助这个平台开始了他的"复仇"工作。

最终，库帕先于乔治研究出了无线移动电话——手机，而马丁·库帕这个名字一夜间也红遍世界各地。当记者问起"如果当初乔治接收了你，你们研究出手机，那么功劳是不是就是乔治的了？"库帕的回答却出乎所料，他说道："如果他当时接收了我，我们也许永远也研究不出手机。正因为他拒绝了我，而且带着如此不屑的态度和轻蔑的语气，是他掐断了让我继续向他学习的念头，使得我另辟蹊径，并奋不顾身地投入到研究中，而当我下定决心一定要让他对我刮目相看后，我也就向成功迈进了一步。事实上，我要感谢乔治，是他的侮辱给了我力量，使得原本成功的欲望并不强烈的我有了如此鲜明而有力的奋斗目标。如果没有他给的屈辱，也许这会儿我可能安于某个角落，过一天算一天呢！"

是的，屈辱是一种力量，只要我们真得在乎自己的面子、尊严，就一定会把从他人那里受到的屈辱转化成力量，一股让自己变得强大、超越对方、获得成功的力量。

人都有一种惰性，喜欢找借口，并常常只是渴望成功，而不是为成功付出行动。于是，很多人一生都碌碌无为。但是，当自己的人格被践踏，尊严受到侮辱，好胜心被人泼冷水、脊梁骨被人踩在脚下后，原本存在于体内，但一直处于沉睡状态的能量就像炸药遇上了星火一样，瞬间爆发，并以山崩地裂之势将你推向一个全新的自我。既然成功的能量被唤醒，你就再也没有理由懒惰，你会以超乎寻常的状态几近疯狂地投入到自己希望取得成功的事件中。似乎洗刷屈辱的唯一出路就是在别人认为自己不行的地方取得巨大成功。

当然，有一些人，当他们受到屈辱或者被人践踏后，会怨天尤人，抑或逆来顺受，破罐子破摔，到最后将自己的大好人生毁灭在别人的态度中。也有一些人，将屈辱换来的力量转化成邪恶，以报复或者以牙还牙的手段泄愤。然而很不幸，这样的行为毁灭的不光是别人，还有自己。

屈辱是一种力量，也是一种指引。到底是指引你走成功的阳光大道，还是复仇的羊肠小道，你自己要慎重选择！

正是有了嘲讽你的人对你的践踏、侮辱和诋毁，你内心沉睡的成功欲望才被激醒，你的奋斗目标才更清晰，并以超越对方、让别人对自己刮目相看为终极目标。

急救疗法E：让羞辱唤醒你的自尊，用能力去证明自己

　　高考那年，小海被班主任叫到了办公室，跟他在一起的还有其他三位同学。当时班主任当着办公室全体教师的面说道："你们四个是班里最差的学生，我们不指望你们考出好成绩，但也不希望你们拖班级的后腿。所以，高考如果考不到300分以上，就别想领到毕业证，更别想来复读。"

　　小海离开办公室后就哭了，以前老师当着众同学踢过他，扇过他耳光，甚至让他蹲着面壁思过，但以往的一切都没有今天受的屈辱大，他感觉老师已经将自己定制在一个低能儿的范畴，一个好强学生的自尊受到了严重的践踏。

　　于是，他开始拼命地学习，鼓足了劲儿去啃那些生涩的理论和公式。小海不是不聪明，只是贪玩。所以，整整一个月起早贪黑的奋斗后，他最终以班级第二名、全校第二十五名的成绩考取了一所重点大学。这样的成绩让所有人对他刮目相看。学校广播台特地对他进行了采访，采访中，小海说道："我最感谢的是我的班主任，要不是他当初当着办公室全体教师的面说我是差生，我估计这会儿还在家睡大觉呢！他唤醒了我内心沉睡的尊严，使我为了维护它不得不拼命地改变我的处境。班

主任的羞辱就像一个咒语，破解它的唯一方法是，使出浑身解数，考取优异成绩。"小海的这些话并未在学校播放，但很多学生还是知道了他成功的真正原因，并以他为楷模。

屠格涅夫说："自尊自爱，作为一种力求完善的动力，却是一切伟大事业的渊源。"是的，一个不懂得尊严为何物的人，永远都没有成功的念头，更不会化屈辱为力量，让自己追求事业的成功。罗素说："自尊，迄今为止一直是少数人所必备的一种德行，凡是在权力不平等的地方，它都不可能在服从于其他人统治的那些人的身上找到。"如果小人物受到那些有权有势，或者比自己强的人的践踏，只能逆来顺受，或者懦弱应对，那么自尊在他们身上就消失不见。因为懦弱，因为逆来顺受，所以，他们脑海里更多出现的是偏安一隅，得过且过，能不得罪他人就不得罪，但最终可能成为对方淫威下的牺牲品。

李小龙说："有时尊严是不容易得到的，为了某些利益，可能会抛弃一切尊严；或为了虚名，尊严也不顾了。"概括地说，世人一般所热心的是沽名钓誉。不过，感谢那些践踏我们的人，是他们的伤害唤醒了我们的尊严，使我们突然对模糊不清甚至不知为何物的尊严有了前所未有的认识，并且急切地想要保护它。

虽然唤醒尊严的方式是他人的践踏，但是就像一把钥匙只能打开一把锁一样，只有这种践踏的方式才能让我们对尊严的认识更加深刻，也才能激发我们的斗志，使我们的人生目标更加清楚。

解释尊严的含义，为不容侵犯的地位和身份。事实上，尊严也是一种意识。人在安乐中，或者在某种好处面前，尊严常常显得微不足道，只有自己面临窘境，面对别人的侮辱时，尊严会第一个跳出来为我们抵挡，而正是它的受伤，给了我们下定决心"报仇"的动力，并最终让我们获得成功。

受伤的尊严就是一面时刻敲响的警钟，它会让你时刻想起自己受到的践踏、侮辱，每敲响一次就会牵动你全身的神经，而缓解痛楚的唯一方法就是拼命地向出人头地迈进。

嘲讽我们的人，他们不顾及我们的面子、自尊，肆意指使我们，故意安排侮辱人格的事情让我们去做。在办公室里，上司常常不顾及员工的感受，当着众人的面大声批评犯错员工，"白痴""傻瓜""看你那德行"……成了那些看起来并不怎么高明的经理人、主管们的口头禅。还有，即便我们有才有学识，不亢不卑的性格却常常不受老板的赏识，这正好为那些善于阿谀奉承、拍马溜须、仗势欺人的同事嘲讽我们提供了便利。他们不但用带刺的话语攻击我们，还时不时在老板那里参上一本，使我们的处境更糟，实力也得不到认可。

如果进入一家大公司，我们被安排去扫厕所，或者仅仅做一些端茶送水的工作，抑或常常遭遇老板的肆意批评，从而觉得很没面子，于是辞掉工作，或者大吵大闹，这样的做法恰恰证明了你的弱小，你用懦弱向对方的淫威屈服，而你的能力也就没有机会得到提升。

没有天敌的羚羊死得快，而没有敌手的人也得不到更好的发展。其实，你就是独一无二的你，你的面子由你自己给，任何人的行为和举动都改变不了这点。

上级不给你面子，肆意批评你，好吧，让他批评去吧，你所要做的就是从这件事情中总结经验，吸取教训，从而避免同一个错误挨第二次批。也许，对于别人的侮辱你还能笑出声来，甚至当成没事一样吃喝不愁，常理看来像是你心理素质好，承受能力强，"脸皮厚"，看得开。事实上，笑对别人的侮辱，不光是为了韬光养晦，用某一天的强大来报复别人对你的贬低，还在于你用自己的乐观向其他人证明，面子这东西不是别人给的，是自己给自己的。别人侮辱你，让你脸面扫地，那是对方的权利，在你这里你的面子保存完好，并且总有一天，你会用自己的努力和勤奋，给自己的面子穿上防弹衣，就没有人再敢随便拿你的面子要挟你了。

面子这东西跟度量、容忍、上进心挂钩。对于一个甘愿逆来顺受、从不在别人的践踏中自强的人来说，面子毫不值钱，丢了就丢了；对于一个好面子的人来说，面子就成了成功路上的阻力，事事好面子，这也抹不开，那也看不透，甚至睚眦必报，到头来就成了没有度量、没有包容心、斤斤计较眼前利益，不考虑长远的人，别人一看就觉得此人没有多少作为。想想，争来争去，人际关系、生活状况一团糟，争来面子又有何用？只有我们真正放开自己的面子，积极从生活中、工作中学习有利于自己的东西，让自己的能力得到提升，让弱小的自己变得强大，摆脱别人眼里"废物"这个字眼，只有到那时，我们的面子才会有光。

无论生活中发生什么，都是对你为人处世、个人承受能力和毅力的考验。积极地面对，并且吸取教训和总结经验，在别人看来你是积极乐观的人，是敢于知难而上的，而你自己的能力也在解决问题、化解矛盾的过程中得到提升，得到别人的认可，做出让人刮目相看的事情，你的面子自然金光闪闪。

急救疗法F：把嘲讽你的人的优点学过来

有一个进公司就被安排去清扫厕所的大学生，当他感觉自己的学历、人格受到严重的践踏时，有一位老职员对他提出了喝马桶水的要求。"如果你真的觉得自己将马桶刷得很干净的话，那还怕喝这水吗？"对方说出这一席话后，这位大学生像是突然明白了什么，他向对方鞠躬，然后开始努力地擦洗马桶。从这一天开始，他认真地对待自己手头的每一件工作，将马桶洗到锃亮，墩布洗得干干净净，对待地板上的污垢也是一丝不苟。当他坦然地在别人面前舀起一勺马桶水喝下后，这个

消息迅速在办公室走红，不久后他就被提升到一个重要部门担任重要工作。

也许嘲讽我们的人，他们身上存在某种优点，如果我们能关注这种优点并加以学习，一定能让自己获益。

无论对方仗着自己是公司的一把手、有别人无法超越的学历、能力、权力、优势，还是仗着有靠山、是老板面前的红人、有殷实的家庭背景等因素嘲讽你，你都可以去反抗，但用发怒、打斗、炒对方鱿鱼等方式对付对方的嘲讽，败的是你，助长的却是嘲讽者的气焰。

对待嘲讽你的人，最理智的反抗是迅速在他身上捕捉你没有的优点优势，你可以虚心请教，甚至可以忍受对方的百般刁难。韩信忍受胯下之辱，刘备韬光养晦，都是以一时的失利等待未来的大作为。那么我们忍受对方的一时践踏，积极吸收对方身上的优势，努力让自己变得强大，当有一天我们超越对方后，给对方的打击是不是比你以其人之道还治其人之身来得更强烈？你用自己的实力强大了自己的薄弱。如果在你强大的同时，能以大度的包容之心原谅对方，那么对方一定会改变以前的敌对，对你刮目相看，甚至主动向你道歉，取得你的原谅。

也许你会糊涂，学习也要向那些品质高尚、能力出众的人学习，跟一个践踏自己的人学习，能学到什么？

那些喜欢践踏他人的人，他们虽然看不起比自己弱小的人，但对于比自己强的人常常阿谀奉承，甚至崇拜之至，所以借用他，我们可以了解其他人的优势所在。偷师学艺是你自我强大、摆脱受人欺压并出人头地的关键。

我们还可以学习对方的语言。人类就是在不知不觉当中，不断地从谈话的对象那里吸收其优、缺点，甚至想法的。"你个白痴，这么点小事都办不好！""就你这样还想做这件事情？""去帮我倒杯水来！""什么乱七八糟的，这也叫创意？"……大概听到这样的话，你第一时间的反应是气得半死，恨不得马上跟对方翻脸。如果你忍一忍，在对方说完话后，心平气和地询问对方，让其给出建议和解决办法，当你用自己的诚恳态度与对方说话时，对方反而会因自己的口无遮拦变得不好意思，也或者为显摆自己的强大，滔滔不绝地给出一堆建议。既然他说你说得一文不值，说明他一定有比你强的地方，既然有强的地方，我们吸取过来补足自己的不足岂不是更好？尽管你并不具有出色的头脑，但是，由于时常与聪明的人来往，相信你日后也会变得机智。

你学习对方，并非学习他藐视他人、损伤他人自尊心及虚荣心的做法，而是吸取他的优势为己所用。当某一天你变得强大时，对方可能还会利用自己的优势跟你抗衡，那时他会发觉，你已经具备了他所有的优势，甚至更胜一筹。

急救疗法G：忍辱负重，成为强者

提起羞辱，是每一个人都不想遇到的，但是看那些成大事业者的人，却往往都是从屈辱中走过来的。这里，我们并不是在宣扬羞辱的经历是一个人成功的元素，我们要说的是，如果你不幸遭遇到了羞辱的事情，那么不要觉得难堪，不要觉得抬不起头，事实上，要乐观地面对人生：羞辱可以锻炼韧性，可以成就强者。

忍辱负重，完成《史记》的司马迁就是一个值得后人敬重的英雄。司马迁的父亲在临死之前嘱咐其子一定要替他完成这项使命。不过当司马迁全身心地撰写《史记》之时，却遭受了巨大的磨难。天汉二年，武帝派李陵随从李广利伐匈奴。结果李陵遭遇匈奴埋伏被俘。消息传到长安后，武帝听说自己的战将投降，非常生气。满朝文武都顺从武帝的想法，纷纷指责李陵的罪过。而司马迁直言进谏，说李陵寡不敌众，没有救兵，责任不全在李陵身上，极力为其辩护。他的直言不讳，引起了龙颜大怒。司马迁因此被打入大牢。

司马迁被关进监狱以后，遭受酷吏的严刑拷打。面对各种肉体和精神上的残酷折磨，他始终不屈服，也不认罪。后来司马迁被判以腐刑。当时，这种腐刑既残酷地摧残人体和精神，也极大地侮辱人格。

当时的司马迁甚至想到了一死，不过后来他想到了父亲遗留给他的使命，想到了孔子、左丘明、孙膑等人，他们所受的屈辱，他们顽强的毅力，还有他们在历史上所留下的成绩都大大鼓舞了司马迁。他立誓无论发生什么样的屈辱，也要把《史记》完成。

征和二年，司马迁终于完成了基本的编撰工作。这期间的数年中，他忍受着身体和精神上的巨大折磨，但这些都没有把他打倒。他用他的生命谱写的不仅仅是一本旷世的历史著作，更是人类史上一本永存的生命赞歌。

如果你因为老板一句羞辱你的话而辞职不干，那么你永远就没有机会向他展示你强大的一面。有人因为屈辱而自暴自弃，有人因为屈辱而奋发图强，这就是真正的弱者和强者的差别。

尝试着对那些屈辱笑一笑吧，把它们带来的郁闷转化成强大的动力，用它们来刺激我们前进的马达。或许正是这些屈辱，让我们更早知道了我们的短处。人生的路上如果总是鲜花和掌声，反而会蒙蔽我们的心灵，遮住我们的眼睛。感谢那些适时飞来的"臭鸡蛋"吧，或许正是它们才能把我们及时砸醒。

人在遭受了屈辱后，一般都会有两种选择：有的人承受不起这样的折磨，从此悲观厌世、意志消沉，最终身体的屈辱

导致了精神的萎靡，从此一蹶不振；有的人即使身体遭受了巨大的折磨，但是内心的火花不败，他们有着顽强的意志和斗争力，终于赢得了人生的荣耀。正确地看待屈辱，把它当成一种刺激人向前的动力，能做到这点的人才是真正的智者。

测试：面对羞辱，你会转变成动力吗？

1. 你销售业绩很差，老板当众数落你，甚至羞辱你，你会努力提高自己，证明给老板和同事看吗（　　　）

A. 不是　B. 不一定　C. 是的

2. 你家境很贫寒，穿着很破，当有人当众骂你穷鬼，甚至说你是穷要饭的，你会一笑而过，然后努力改变现状吗（　　　）

A. 不是　B. 不一定　C. 是的

3. 你和一位同时和你到单位报到的同事，会较着劲的努力工作，比成绩吗（　　　）

A. 不是　B. 不一定　C. 是的

4. 当年学习不如你的发小，现在是大老板，而你却还是公司小职员。在同学聚会上，大老板的同学处处显示自己有钱，混得好，甚至言语中羞辱你这个小职员。这时，你是一笑而过，暗自努力吗（　　　）

A. 不是　B. 不一定　C. 是的

5. 工作中，一个能力突出的同事冷嘲热讽地说你怎么努力也达不到他那样，面对这样的羞辱，你是加倍努力，把他的优点都学到手吗（　　）

A. 不是　B. 不一定　C. 是的

计分：

A. 3

B. 2

C. 1

结果：

1—5分，说明你是一个能正确面对羞辱，化羞辱为力量的人，肯努力，也知道自己该怎么努力改变现状，加油，努力终会有回报的。

6—9分，说明你是一个还不是特别会化羞辱为努力的人，这方面还有待提高。

10—15分，说明你是一个懦弱的人，即便是面临他人的羞辱，你也还是不改变。这样很不好哦，应该化羞辱为动力。

托腮沉思的小男孩

第八章

欺骗：获得一个重新选择的机会

面对欺骗背叛，我们不要呼天喊地，也不要怨天尤人。你换个角度想想，正是因为那些背叛你的人，才衬托了你的光辉，修饰了你的可靠，宣传了你的心口如一，也使你有了一个重新选择的机会。

关键词

背叛　不忠　出卖　愤怒　呼天喊地

欺骗背叛不过是满足个人的贪心

有人做过这样的试验：拿出10万美元对热恋中的男性说，只要让出你的女朋友，这10万美元就属于你。不过，大多数人都会拒绝，因为他们觉得自己的爱情无价；如果再加高筹码，变成100万美元，多数人的想法就变了，100万美元可以开一家公司，买一栋别墅，甚至让自己过上体面的生活，至于爱情可以重新寻找。继续加高筹码，变成1000万美元，几乎没有人再拒绝了。1000万美元是一个怎样的概念，私人飞机、油轮、上流社会、夜夜笙歌……这些东西都苍白得难以形容它的魅力，至于爱情、承诺、誓言，就更不值得一提了。

凯特是一家公司的高级设计师，她思维活跃，情感丰富，灵感总是像小溪一样，源源不绝。于是，公司总是很看重她每一期的设计，总是将她的创意和设计当成公司的重点项目来操作，这也让凯特名声在外。

跟大多数有名气的公司一样，凯特所在的公司也有很多的竞争对手，这些对手间相互博弈，为谁第一个推出新产品较着劲。于是，凯特作为公司的著名设计师，也就成了其他公司收买和拉拢的对象。

"我们可以给予你现在工资的两倍薪酬！""只要你把手头的图纸给我们，你的账户上就会多出10万美元！""相信我们的诚意，我们需要跟你这样的人合作，双方都会互惠互利的。"……这样的陌生短信和邮件总是不期而至，但凯特总是一笑置之，毕竟身处一个集体，与集体同呼吸共命运，为眼前的利益做出出卖公司的事情，一定得不偿失。

凯特有个交往一年的男友约翰，约翰原本是一家公司的职员，后来他辞职注册了一家新公司，决定自立门户。

在凯特看来，对方就是自己的Mr.Right，她是倾其所有去关爱对方的。

约翰的公司开始运营时，正是凯特的新设计刚刚出炉的时候。一如既往，公司为这件新设计做好了一切前期的准备，只要凯特将图纸交到工厂，一批紧跟潮流的新款服装就会问世，那将会为公司带来巨大的收益。但是，就在凯特完成她工作的最后一天，坐在电脑前吞云吐雾、一脸焦躁和痛苦的约翰，深深刺痛了她的心——要办起一家公司至少需要30万美元的资金，目前他们账户上的存款仅够公司十天的运营。他是为筹不到钱而焦躁不安。

经历一番痛苦的挣扎后，凯特最终拨通了一个电话号码，然后以10万美元的高价将手里的图纸卖给了竞争对手。就在公司积极准备新款服装上市时，对手却先于自己推出了同样的款式。公司损失惨重，凯特被毫不留情地开除。

为爱情牺牲自己的一切，凯特觉得似乎很值得。但是当她回到公寓后，等待他的却是约翰的消失，与其一起消失的还有她账户里所有的存款。事实上，约翰根本就没有开公司，以往的奔波都是幌子，从他知道凯特的图纸能赚大钱开始，爱情就变质成了对个人私欲的满足。

这对凯特来说，无疑是晴天霹雳，她瘫软在地上，相信这就是报应，她为了一个男人背叛了与自己命运与共的集体，到最后她需要为这一行为付出的代价是：丢失工作，以及所有的存款，另加一段苦心经营一年之久的情感。

感情遭遇背叛之后的愤怒

凯特从此一蹶不振，找到好工作几乎已经是不可能的了，因为卖掉图纸的事情已在业内传得沸沸扬扬，谁还敢请一名出卖过自己公司为己谋利的人？对于身边的男人再也建立不起信任机制，想要努力生活却总是被过去的伤痛死死捆住。以往所有的热情，从自己背叛公司开始，一下降温到摄氏零下几十度，破罐子破摔像是唯一的出路。

那么，约翰又怎样了呢？他突然发觉钱真是太好赚了，于是一面开始过起了体面的生活，一面施展自己的魅力与有钱有才的女性继续交往。不过，很不幸，当他跟随自己的新女友出席一场晚宴时，正好被凯特的朋友露西看到，露西找机会将对方的过往一字不漏地告诉了其新女友，两人上演了一场双簧，最终就在约翰携新女友的50万美元逃跑时，被警察逮了个正着。

如果凯特和约翰都能预知背叛导致的最终结果，那么，他们还会选择背叛对方吗？答案肯定是否。也许有人会觉得，故事中凯特的背叛是迫不得已，她想着用背叛公司得到的筹码成全爱情。但是，背叛没有理由可讲，只要做出背叛的行为，就是在为自己的某种欲望谋福利，虽然凯特为的是爱情，但她以牺牲公司的利益成全自己的私心，就是用背叛满足私欲的表现。所以，她的遭遇也不值得同情。而约翰呢，爱情在他眼里大不过几十万美元，有了几十万美元，他可以过体面的生活，甚至可以继续结交新朋友，开始另一段新恋情，然后以这段恋情为筹

码，骗得另一个几十万美元。他以为自己的计划疏而不漏，哪里会想到，认识他的人无处不在，最终等待他的却是牢狱之灾。

背叛的代价是惨重的，但这个伤疤也将变成一块警示牌，时刻提醒你，擦亮双眼，在未来的道路上做出更加正确和合理的选择。

大多数的背叛并非蓄谋已久，只是突然被眼前的利益所吸引，一时无法让自己的眼球从诱惑中收回罢了。人虽然是最聪明的高级物种，但面对诱惑，常常变得愚钝不堪。

擦亮眼睛，识别下列不可交的朋友

社会上不乏虚伪之人，他们把真诚的技巧看成是蒙骗对方并牟取私利的一种手段。但是，虚伪、伪装的东西是绝对经不起时间的检验的，迟早会被人所识破。所以，我们在与人交往中，要分辨哪些人可交，哪些人不可交。下面几类朋友大家要擦亮眼睛，注意一下：

1. 靠不住的朋友

交朋友时应注意两厢情愿，不要强求。朋友的类型有多种，但友情是互相的，即你的付出应有相应的回报，朋友之间应互爱互重，互谅互信。有些朋友在短期内似乎与你关系不错，但时间一长便发现他靠不住，在这种情况下应当机立断，与之断交。

2. 志不同道不合

真正的朋友，需有共同的理想和抱负，共同的奋斗目标，这是两人结交的基础。如果两人在这些方面相差极大，志不同道不合，是很难有相同话题的，人的兴趣也必然不同，这样两人在交往时只能互相容忍，无法互相欣赏，因此容易造成分手。

3. 俗友

朋友之间的谈话多多涉及兴趣、爱好、志向及对某一事的看法。如果朋友只跟你谈物质利益，谈钱，则可将之归于"俗友"之列。"俗友"对你虽无大害，但长期交往下去，一则浪费你的时间，二则难免使你变"俗"，因此不宜深交。况且这种"俗友一般很现实，当你处于危难之时他不会对你伸出援救之手支持你帮助你。对这种朋友，仅做一般应付即可。

4. 悖人情者

亲情、爱情都是人之常情，如果一个人的行为显示出他在人之常情中处事的态度十分恶劣，那么这种人是不能交往的。这种人往往极端自私，为达目的不择手段，并惯于过河拆桥、落井下石，因此这种人不可交。

5. 势利小人

如果某人非常势利、见利忘义，这种人不合适作为朋友出现在生活中。

有个企业，A当总经理时，一位高层职员经常到A家里坐，对A奉承一番，外带一批上好礼物；而当A下台，B当上总经理时，这位高层职员马上到B家里送礼，并数落A的不是，将B捧为最英明的领导。在这种情况下，B领导听了群众的反映，果断地将这位高级职员冷落在一旁。

势利小人的一个通病是：在你得势时，他锦上添花；当你失势时，他落井下石。他不懂得什么是真诚，他只知道什么是权势。因此，这种人不能交往。

6. 酒肉朋友

酒肉朋友就是当你能给他实惠时，他们看上去与你的感情很好，但当你真正需要他们帮助时，他们会一点表示都没有。

有一位老师，同办公室的几位老师非常要好，经常一起喝酒。当他们酒后针砭学校的不是时，每个人都发了许多牢骚，而后来他们发的牢骚被校长得知，要处分这位老师时，其他几位同事竟没有一个仗义执言，令这位老师十分伤心。

7. 两面三刀

有的人惯于表面一套，背后一套，对这样的人应该小心对待，更别说跟他交朋友了。《红楼梦》里的王熙凤就是"明里一盆火，暗里一把刀"的典型。与这样的人交往时，应多注意他周围的人对他的反映，与这样的人在短期交往中很难发现这种性格特征，但接触时间长了便会清楚明白了。这种两面派是千万不能结交为朋友的，不然他会令你大吃苦头。

世界上不可能有完全不为自己打算的人，这是一个人所共知的生活常识。但一个明事理、有道德的人，不可能只想到自己，不顾脸面地为自己谋私利。那些只考虑自己的人，只想到个人利益的人，最易伤害的不是跟他生疏的人，而是和他比较熟悉、比较亲近的朋友。

急救疗法A：面对背叛，冷静别激动

当你遭遇朋友的背叛、爱人的背叛、亲人的背叛、同事的背叛后，你可以去发泄、诅咒、哭泣甚至寻死觅活，但是这

哭泣的女人

样的情绪放纵大多无益。首先，情绪太过激动危害的还是自己的身体；其次，这样的情绪容易干扰你正确的判断力和思考能力，使你在冲动下容易做出让自己后悔终生的事情；再次，如果对方是有意背叛你，你的抓狂只会让他更得意。别人背叛你，造成你的经济、精神损失也就算了，如果这个时候，你还自我施压，岂不是给受伤的自己雪上加霜？

背叛有很多种原因，有被人威逼利用，比如有人逼迫他必须这么做，这种逼迫有威胁生命、财产、亲人安全、名声等，如果牺牲你的利益，能挽回他的这些东西，那么，无论对方是你相交多年的朋友、你的下属员工，抑或是同事，都会做出背叛你的事情。有些钱财上的背叛者，多数是见钱眼开，一看到钱就什么情义都不顾了，还有少部分是有不得已的苦衷，比如欠了赌债要还，家里人得了重病需要钱医治，等等；情感上的背叛，理由更是多种多样，比如一时失去理智、色迷心窍、有意报复、满足某种需求、背叛能让自己过得更好，等等。不管怎么说，对方背叛你总是有原因的，这个原因中也许就包含着需要你改进的不足和缺点。

所以，遇到被人背叛，我们首先要做的就是让自己快速冷静下来，仔细地回想这一切发生的过程，从你认识这个人开始，一步步往前。理顺思路，在帮你找到对方背叛你原因的同时，也能让你最大程度地挽回损失。别人带给你的痛苦，只能由你自己一点一点去填埋，方寸大乱，只会让这只洞口越张越大。

　　很多禁戒的事情，只要破了戒，那么有了第一次就势必会有第二次。所以，我们思考挽回点什么，并不是挽回那个已经背叛了你的人，让他有机会伤害你第二次，而是挽回他带给你的各种损失。就像合作的双方，原本是多年的朋友，两人东挪西凑，筹得一大笔钱准备开公司，可谁会想到，常常有一方只顾眼前利益，携款潜逃。一旦这样的事情发生在自己身上，哭泣和伤痛只会让对方逃得越来越远，明智的做法是赶快协同身边的人想对策，如何将损失降到最小！如果一番努力后，无论精神上还是物质上，一切损失都无法挽回，那么接着想想如何处理对方留下的烂摊子，怎么做才能让这件事情快速过去。切记，呼天喊地只会让你的损失更大。

　　所以，面对背叛你的人，首先你要做的，就是赶快丢掉伤心的情绪，然后告诉自己，只有一分钟伤心的时间。接下来便是重整旗鼓，将损失降到最小。

急救疗法B：换个角度看问题，认识和修正自己

　　马克和吉姆是大学同学，也是关系非常要好的朋友。毕业后他们同时应聘到一家公司做动漫设计，两人都是IQ极高的青

年才俊。吉姆办事果断，马克有着很高的情商和谈判能力，几年的职场锤炼，更是让两人从众多职员中脱颖而出，马克成了动漫部的项目经理，吉姆成了副经理，两人的合作可谓珠联璧合，为公司盈利的同时，也为个人换取了高额薪酬。

除了在公司两人形影不离外，节假日也会去彼此家串门。有一次，吉姆去马克家，看到马克为其妹妹的情景小说设计了一个非常亮眼的形象，于是，他提议如果将情景小说做成动漫，卖给其他公司，一定能为他们换来一笔巨大的财富。马克觉得可以先跟自己公司的老板谈谈。不过，吉姆并不赞成，他觉得如果为公司做，老板以为这是他们工作的一部分，并不会给予更高的酬劳，如果卖给其他公司就不一样了。

马克思来想去，还是决定跟自己的老板谈谈。老板看过后，自是盛赞不已，并告知他们，如果推出去市场反响好，他会为两人加薪的。马克自是高兴不已，但吉姆却以另一个项目还没有完成为由，将新项目的开发权全权交由马克负责。

两个多月的时间一晃而过，就在马克为第一个动漫情景做收尾工作时，另一家动漫公司却先于他们推出了一模一样的形象，而且连载的动漫场景与马克设计的如出一辙，只是对方比他们弄得更好更快。老板自然不会多听马克解释，毫不留情地将他踢出了公司。

马克冲到吉姆面前，质问他为什么这么做。因为他所有的设计，只有吉姆了解得最清楚。吉姆表现的比马克还愤怒，他说你出卖公司不说，现在又来质问我，我鄙视你这样的朋友。

此时此刻，即便马克有一百张嘴，也难以为己申冤，所有人都觉得是马克背叛了公司。马克双腿灌铅般回到了家，他想不通自己为什么会遭遇这样的事情，原本拥有的高职位、高薪酬一瞬间全都没有了，最要好的朋友也跟自己反目成仇。不过，他并没有被这突如其来的不幸击倒，而是告诉自己一定要将事情查个水落石出。

经过多日的努力后，他终于发现吉姆与那家剽窃自己创意的公司来往密切。一日，就在吉姆与那家公司的一名职员相谈甚欢时，马克突然出现在了他们所在的咖啡厅。马克质问对方为什么这么做，发觉事情败露的吉姆气急败坏地喊道："我讨厌你自以为是的样子！凭什么你做的决定就是正确的？从我们认识开始，你就像是老爷，我像个跟班，我的才华哪点比不上你？到了公司想着我一定会超越你的，可还是你成了项目的总负责人，而我却还是个副的。不过，这一切我都能忍受，只是当我看到你设计的那个形象，给出你做成动漫连载的建议后，原本我是期待着利用我们共同的智慧狠赚一笔的，可你还是不容商量地将这个设计给了公司，我的建议成了你讨好老板的工具，我得到了什么？"吉姆的一席话让马克彻底惊呆了，他根本不知道吉姆原来对自己有这么多的不满，而他也从不知道吉姆竟然心机如此之深，此时，他都要感谢对方了，要不是这次背叛，他哪会知道这么多事情。

　　马克重新反省自己，那个一向对自己相当满意的男人，开始征询他妹妹对自己的看法，也向其他的朋友询问自己身上的优缺点。从不懂得听取别人意见和建议，总是自以为是的他，也开始耐心听取别人的意见。当他将自己的缺点和不足细数一遍，并寻求改变后，他发现与他人相处，就变得更轻松自如了。马克几乎要感谢吉姆，要不是吉姆的背叛，他可能以后还会跌跟头，甚至跌得更大更狠。

　　一年有四季，春夏秋冬各不相同，每个季节也非总是风和日丽，抑或刮风下雨，有晴天也有阴天，有阳光明媚，也必定有风雨肆虐。人生如季节，如天气，总有无常时，有了开心快乐的事情，就必定有伤心痛苦的事情，有相伴终老的朋友，也必定会有出卖自己的朋友，这样的人生才像一道瑰丽的彩虹，炫丽而多彩。

　　遭遇背叛时，以最快的速度整理好情绪，时刻告诉自己，背叛带来的人生低谷，只是在为更高远的攀登，为人生高潮的到来做准备。为了迎接这个高潮，就吸取经验和教训，做出更多的努力和改变。

急救疗法C：遭遇背叛，五招教你如何正确泄愤

　　当你遭遇他人背叛时，最泄愤的方法有这么几点：

1. 弄清楚对方背叛你到底是何原因

很多时候，事情也许根本不是我们所想的那样，如果只是按照自己看到的或者听到的盲目猜测，独自郁闷，甚至自我折磨，都是最愚蠢的行为。如果有机会，最好理顺自己的情绪，询问对方这么做的原因，只要他能坦诚地告诉你原委，尽管你们的关系无法再回到原来，但至少这份背叛不会变成一个心结，成为你心头永远解不开的疙瘩。而且，通过对方的交代，你也有机会更加全面地审视自己，意识到自己的不足和缺点，加以自我完善。

2. 让自己忙碌起来

无论是谁，都无法接受朋友、爱人，抑或其他跟自己关系亲密的人的背叛，但是，不接受也没有办法，事情已经发生了，茫然失措在其中，只会让背叛的人更得意，你的失意恰恰证明了你在他心目中轻如纸翼，而他却像泰山，压制你再也无法翻身。所以，你最好清醒起来，弄明白原委后，就全心地让自己投入到工作，或者其他更有意义的事情当中。当你忙碌起来，不给消极情绪一点钻空子的机会后，随着工作的大获成功，你自己的阴霾也会拨云见日的。

3. 专注于一件事情并以成功为最终目的

也许对方的背叛让你失去了一切，但所幸没有让你失去才气和兴趣，你还有满脑袋的智慧、勤快的双手和行走自如的双腿。更关键的是，你有更多时间、更多理由去做自己一直很感

兴趣，却一直没有机会做的事情。如果你喜欢写作，那么就把自己的所有心思用到写作这件事情上，并以完成一部作品、大获成功为最终目的！想要报复对方，想要让对方为自己的背叛后悔终生，最好的方法就是在你失去一切的时候，还有机会站起来，而且站得比以往更高。你不需要同情，你需要的是赞扬和刮目相看，当你利用悲痛的力量，在某个领域取得成功后，迎接你的不再是眼泪和叹息，而是掌声和赞誉。

4. 在自己所见的任何地方贴上暖暖的话语

独自待着时，过去的不幸就会一股脑地被我们记起，以致白天刚刚建立的信心，一到晚上便全面崩溃。所以，为了时刻提醒自己，用积极优良的生活状态迎接明天，那么，就在便签条上写下各种鼓励的话语，画上大大的笑脸，贴到任何你可见的地方，甚至贴上自己跟儿时玩伴的照片，让自己一看到这些东西，内心就柔软熨帖起来，并开始回忆儿时那些美好的记忆。一旦记忆里的画面变得温馨快乐，自己体内的悲伤情绪就会自动地消失不见。

5. 为自己订立一个刻薄的咒言

一个人痛过一次后，就不会想着痛第二次。那就给自己下一个刻薄的咒语，"如果我不能从这阴霾中快速脱身，那么就诅咒我再经历这样的背叛！"也许这样的咒言显得刻薄而残忍，但是，大凡有信仰的人，都很信奉自己所下的咒语，破咒的最好方法就是实现自己的承诺。也许消极情绪时时来袭，但一想到订立的誓言，便会快速主动地跳出消极的牢笼。

你永远是你人生的掌舵者，别人带给你的不快只是掀动船只的几个恶浪而已，避开和躲闪只会让你失去航向。不如掌管好你的舵，勇敢向前，当你迎难而上后，前方等待你的定是碧浪晴空。

遭遇背叛的人，采取报复，只会得不偿失。如果从自己的人生字典里剔除"背叛"二字，那么，你的行为处世方式必定得到更多人的赏识，你的交际圈也会越来越广。所以，感谢背叛自己的人，是他们给了你重新认识自己，重新开发自己潜能，重新确定自己的人生目标，并过上另一种生活的机会。

急救疗法D：出轨，如果还有爱请原谅

面对爱人背叛婚姻的行为，生气？发怒？离婚？其实，这些都不是解决问题的好办法。如果能够理智面对现实，认为两人之间还有爱情，那么还是要学会原谅对方。

都说原谅敌人容易，原谅朋友难。生活中遭遇的背叛者，往往不是我们的朋友，就是我们的爱人。这些人的背叛常常让我们耿耿于怀，一生都无法释怀，以致某一天当看到背叛者遭遇不幸时，内心便会有一种活该如此的痛快感，并振振有词"多行不义必自毙"！即便对方最终回到你面前忏悔，你也无法给予原谅。

其实，不原谅那个背叛者，也相当于不原谅你自己，你还在跟自己较劲，还在生自己的闷气，还想让那份仇恨一直在自己心里捣乱。坦白来说，正是因为对方的背叛，你有了一种新的生活，并过得幸福快乐，正是他当初变相的"成全"，使你有了过另一种生活的机会。那么，就试着让自己学会原谅和感恩吧！

世界上没有两片相同的叶子，自然也就没有两个相同的人，即便是双胞胎，也不知道彼此在想什么，自然，我们也不可能全面地了解我们的朋友、爱人、同事。每个人因年龄、性别、思想、个性、喜好等不同，便有了不同的品行、涵养和处世态度。你不可能要求所有人都跟你一样，能对朋友始终如一，对爱人不离不弃，对承诺坚定不移。你也没有办法要求别人不背叛你，就像别人也不可能要求你接受他的背叛一样。既然每个人之间都存在着不同，背叛也只不过是他人按照自己的行为方式办事而已，我们有什么权利苛责呢？所以，让自己好过的最好方式就是学会原谅。

原谅是一种心境，是人的快乐之本。每每你对一个人恨得咬牙切齿时，你内心的情绪永远是黑暗的，但是原谅就不一样，当你试着原谅别人后，那压在自己心头的沉重，像是突然化成了一股青烟，随着你的呼吸抛进了大气，你整个人会顿时变得轻松自如，心境也会明亮很多。所以，原谅就像一剂郁结的催化剂，更像是吹走心头乌云的大风，当你抱定了原谅的态度后，整个心境便晴空万里。

所有的人都希望拥有真正纯洁的爱情，谁也不想失足，谁也不想婚姻遭到背叛，而一旦背叛产生了，计较只会让家破人离，为何不能拿出一颗包容的心，拉近彼此开始懈怠的感情。当然感情的事儿，也不是一两句话能说得清的，如果对方一而再再而三的背叛，那就好聚好散，果断离婚。

急救疗法E：出轨，如果没有爱请离开

有人说，人生来就是愚蠢的，无论是男人还是女人。女人很傻，因为从古至今，没有哪一个男人能对一个女人从一而终，但女人把自己交给那个男人之后，就死心踏地地守护着他了。男人很傻，因为他们只看到风情万种的女人们在自己面前展示美的诱惑，却抓不住她们内心捉摸不定的心。他们看到女人们对自己展示媚笑就以为俘获了她们的芳心，却没有想到很快女人们的身旁又站了另外一个男人。男人是花心的，女人是善变的，也许"背叛"就是这一被人们不知什么时候似乎约定俗成的结论衍生出来的吧。

情感背叛的伤害是深重的，但是在背叛者面前，一些人还是做出了妥协。男（女）人为了维持和挽救两个人苦心经营的爱情，宁愿认输，他（她）们会说，既然已经下定决心一生

跟随着她（他），陪伴着她（他），为什么不能假装接受她（他）的所有，包括她（他）的背叛？何不睁一只眼闭一只眼，装装糊涂呢？那样是不是就能过得轻松自在一点？

可是，无论你是遭遇背叛的男人还是女人，都应该明白，自己付出全部的爱，就是渴望对方也能同样的爱自己，心疼自己，将自己当作他（她）的唯一，当作他（她）的全部。如果对方背叛了自己，理由也只有一个，那就是对方已经不爱自己了。

有的人会给自己的背叛找到很多认为合理的理由，可是，在对方看来，那些理由仿佛都很幼稚，他（她）们只会强调："如果你爱我，心里有我，你还能做出那种背叛我的事吗？"

当一个人得知自己深爱的人背叛自己的时候，除了伤心难过外，更多的还有恨，恨对方为什么能这么轻率地放纵自己，恨他（她）为什么这么经不住外界的诱惑，恨他（她）为什么明明做错了事情还要找借口，还要恳求自己的原谅？这样的人是靠不住的，这时候最明智的选择就是离开这个背叛自己的人。

被背叛所伤的人在今后的道路上会变得更加成熟和理智，因为他（她）再也不会因为对方而受到伤害，他（她）学会了如何去爱人，也学会了保护自己。即使面临背叛的痛苦，也会从容淡定地做出选择，重新开始属于自己的幸福之路。

曾经在某个人身上受过伤的男人或女人，在经过一段或很长一段时间的调整以后，会活得比过去还开心，因为是曾经背叛自己的那个人让他（她）知道，什么样的人是值得自己去爱的，什么样的感情是值得自己付出的，什么样的生活是自己所向往的。

测试：遭遇背叛后你的抗挫折能力

　　1. 你回到家，发现家里被盗了，你所有值钱的东西都被偷了，这时你的情绪很容易激动

　　A. 容易情绪激动→转到第4题

　　B. 比较平静→转到第2题

　　2. 你对自己

　　A. 各方面都非常满意，感觉自己很有能力→转到第8题

　　B. 不是特别自信→转到第5题

　　3. 你是个很依赖人的人吗

　　A. 是→转到第7题

　　B. 否→转到第6题

　　4. 你是个非常好面子的人吗

　　A. 是→转到第3题

　　B. 否→转到第2题

　　5. 是否会经常回忆以前发生的失败或难过的经历

A. 是→转到第6题

B. 否→转到第7题

6. 在不顺或失败的时候，你通常会找外部原因

A. 是→转到第11题

B. 否，先找自己的原因→转到第9题

7. 有事时，你通常会跟人开诚布公地沟通一下

A. 是→转到第11题

B. 否→转到第8题

8. 你总是喜欢自省反思自己

A. 是→转到第5题

B. 否→转到第9题

9. 自己擅长逻辑分析吗

A. 是→转到第12题

B. 否→转到第10题

10. 你是一个很强势的人吗

A. 是→A型

B. 不是→转到第11题

11. 如果发生不如意的事情，你会埋怨吗

A. 是→转到第12题

B. 不是→D型

12. 你是一个记仇，爱报复的人吗

A. 是→C型

B. 不是→B型

结果:

A型——面对欺骗背叛，你的反应比较激烈，难以接受，总是不断指责对方，甚至有时候还会做出过激的行为。

B型——面对欺骗背叛，你总是心很重，想很多，长时间沉浸其中，不容易走出来。

C型——面对欺骗背叛，你看起来平静，但实际上内心挣扎，你并没有真正放下这件事，甚至在以后很长时间都会受影响。

D型——面对欺骗背叛，你能很坦然地接受，虽然也有一定的情绪，但完全可控，能很快走出去。

相互搂抱的朋友

第九章
紧张：调整自己，努力克服

　　如果你有一个重要约会，或者要去参加一个重要谈判，或者要在公开场合发言，或者有一个你比较在意的考试……你可能提前一天就吃不香睡不好，到了当天，也是心里长草，坐不住，手忙脚乱，感觉很不自然，觉得紧张。很多人都遇到过这种情况，这时，我们要调整自己，努力克服。

关键词

　　紧张　焦虑　激动　急躁

过度紧张有损身体健康

当今世界是一个竞争激烈、快节奏、高效率的社会。这就不可避免地给人带来许多紧张和压力。精神紧张一般分为弱的、适度的和加强的三种。人们需要适度的精神紧张,因为这是人们解决问题的必要条件。但是,过度的精神紧张,却不利于问题的解决。从生理心理学的角度来看,人若长期、反复地处于超生理强度的紧张状态中,就容易急躁、激动、恼怒,严重者会导致大脑神经功能紊乱,有损于身心健康。因此,要克服紧张的心理,设法把自己从紧张的情绪中解脱出来。

有效消除紧张心理,从根本上来说一是要降低对自己的要求。一个人如果十分争强好胜,事事都力求完善,事事都要争先,自然就会经常感觉到时间紧迫,匆匆忙忙(心理学家称之为"A型性格")。而如果能够认清自己能力和精力的限制,放低对自己的要求,凡事从长远和整体考虑,不过分在乎一时一地的得失,不过分在乎别人对自己的看法和评价,自然就会使心境松弛一些。二是要学会调整节奏,有劳有逸。在日常生活中要注意调整好节奏。工作学习时要思想集中，玩时要痛快。要保证充足的睡眠时间，适当安排一些文娱、体育活动。做到有张有弛，劳逸结合。

考场上的三种情绪状态

从心理学角度分析，考生在考场上的情绪有三种状态。一种是过度紧张，一种是满不在乎，还有一种是保持有适当的紧张度。前两者不足取，不但不能取得好成绩，相反由于情绪问题，连原来的正常水平都发挥不出来，往往造成失败。只有第

紧张交谈中的女子

三种考场情绪才是正常的。这样的考生信心十足,平心静气地进入考试状态,精力集中,思维准确。怎样才能达到这种情绪状态呢?其实并不难,只要做到以下几点就可以了。

1. 充满信心

信心是一个人的精神支柱,信心不是没有根基的,它来源于平时的认真学习,来自充分的准备和学习。只要自己准备了就应当有信心。有些人过于缺乏自信,尽管做了很好的复习,还是害怕考试,这样就容易失常,这是不足取的。

2. 学会自我控制

进入考场时有一些紧张是人之常情,并不需要大惊小怪,只要做做自我放松,便可以使紧张的心情平静下来了。具体做法是:先深吸一口气,同时闭上双目,屏住呼吸,稍稍停留一会儿再慢慢地呼出,心中默念"放松……"这样反复几次,就不会有心跳过重和过快的现象,心境也趋于平和了。

3. 服少量镇静剂

考试前夕可适当服少量镇静剂,以保证睡眠和安定情绪。当然服用什么药,服多少都要向医生请教才行。

急救疗法A: 紧张情绪的自我调适

当紧张的情绪反应已经出现时,有效的方法应该是:

1. 坦然面对和接受自己的紧张

你应该想到自己的紧张是正常的，很多人在某种情境下可能比你更紧张。不要与这种不安的情绪对抗，而是体验它、接受它。要训练自己像局外人一样观察你害怕的心理，注意不要陷入到里边去，不要让这种情绪完全控制住你："如果我感到紧张，那我确实就是紧张，但是我不能因为紧张而无所作为。"此刻你甚至可以选择和你的紧张心理对话，问自己为什么这样紧张，自己所担心的最坏的结果是怎样的，这样你就做到了正视并接受这种紧张的情绪，坦然从容地应对，有条不紊地做自己该做的事情。

2. 做一些放松身心的活动

具体做法是：

（1）选择一个空气清新，四周安静，光线柔和，不受打扰，可活动自如的地方，取一个自我感觉比较舒适的姿势，站、坐或躺。

（2）活动一下身体的一些大关节和肌肉，做的时候速度要均匀缓慢，动作不需要有一定的格式，只要感到关节放开，肌肉松弛就行了。

（3）深呼吸，慢慢吸气，然后慢慢呼出，每当呼出的时候在心中默念"放松"。

（4）将注意力集中到一些日常物品上。比如，看着一朵花、一点烛光或任何一件柔和美好的东西，细心观察它的细微

之处。点燃一些香料，微微吸它散发的芳香。

（5）闭上眼睛，着意去想象一些恬静美好的景物，如蓝色的海水、金黄色的沙滩、朵朵白云、高山流水等。

（6）做一些与当前具体事项无关的自己比较喜爱的活动。比如游泳、洗热水澡、逛街购物、听音乐、看电视等。

急救疗法B：消除紧张情绪的十大妙计

1. 畅所欲言

当有什么事烦扰你的时候，应该说出来，不要存在心里。把你的烦恼向你值得信赖的、头脑冷静的人倾诉：你的父亲或母亲、丈夫或妻子、挚友、老师、学校辅导员等。

2. 暂时避开

当事情不顺利时，你暂时避开一下，去看看电影或一本书，或做做游戏，或去随便走走，改变环境，这一切能使你感到松弛。强迫自己"保持原来的情况，忍受下去"，无非是做自我惩罚。当你的情绪趋于平静，而且当你和其他相关的人均处于良好的状态可以解决问题时，你再回来，着手解决你的问题。

3. 改掉乱发脾气的习惯

当你想要骂某个人时，你应该尽量克制一会儿，把它拖到明天，同时用抑制下来的精力去做一些有意义的事情。例如做一些诸如园艺、清洁、木工等工作，或者是打一场球或散步，以平息自己的怒气。

4. 谦让

如果你觉得自己经常与人争吵，就要考虑自己是否过分主观或固执。要知道，这类争吵将对周围的亲人，特别对孩子会带来不良的影响。你可以坚持自己正确的东西，静静地去做，给自己留有余地，因为你也可能是错误的。即使你是绝对正确的，你也可按照自己的方式稍做谦让。你这样做了以后，通常会发觉别人也会这样做的。

5. 为他人做些事情

如果你一直感到自我烦恼，试一试为他人做些事情。你会发觉，这将使人的烦恼转化为精力，而且使你产生一种做了好事的愉快感。

6. 一次只做一件事

在紧张状态下的人，连正常的工作量有时都担当不起。最可靠的办法是，先做最迫切的事，把全部精力都投入其中，一次只做一件，把其余的事暂且搁到一边。一旦你做好了，你会发现事情根本不那么可怕。

7. 避开"超人"的冲动

有些人对自己的期望太高，经常处在担心和忧郁的情况下。因为他们害怕达不到目标，他们对任何事物都要求尽善尽美。这种想法虽然极好，可是，容易走向失败的道路。没有一个人是能把所有的事都做得完美无缺的。首先要判断哪些事你做得成，然后把主要精力投入其中，尽你最大的努力和能力去做。做不到时，则不要勉为其难。

8. 对人的批评要从宽

有些人对别人期望太高，当别人达不到他们的期望时，便感到灰心、失望。"别人"可能是妻子、丈夫，或是他们要按照主观愿望培养的孩子。对自己亲人的短处感到失望的人，实际上是对他们自己感到失望。不要去苛求别人的行为，而应发现其优点，并协助把优点发扬。这不仅使你获得满足，而且使你对自己的看法更趋正确。

紧张的考试中

9. 给别人可以超前的机会

当人们处于激动而紧张的情况时，他们总是想"取胜得第一"，而把别人的劝告抛开，尽管事情小得像在公路上驾车超前一样。如果我们都如此想，而且大多数人都这样做，那么，任何事情都变成了一场赛跑。其实，用不着这样去做。竞争有感染性。你给别人可以超前的机会，不会妨碍自己的前途；如果别人不再感到你对他是个阻碍，他也不会对你产生阻碍。

10. 使自己变得"有用"

很多人有这样的感觉：认为自己被忽视，被人看不起，被抛在一边。实际上这不过是你自己的想象，可能是你自己而不是别人看不起你。你不要退缩，不要避开，你要做出一些主动表示，而不要等到别人向你提出要求。

急救疗法C：每天放松放松自己

据说，西班牙的宗教裁判所和希特勒的集中营中常用的一种用来拷问囚犯和俘虏的刑罚是将囚犯的手脚固定，然后在他们的头部上端吊一个漏斗一样的水袋，水袋会昼夜不停地在囚犯头上嗒、嗒地滴水。久而久之，囚犯便会神经错乱，直至发狂。原来在囚犯们听来，那落在头上的水滴声好似重锤击打在头上发出的声音，听久了，他们的心灵便会彻底崩溃。

生活中无休止的忙碌就好似那不停地往下滴水的水袋。只要你不离开，它就会一刻不停地击打你的心灵，不会放松自己的人，终将被其击垮。所以，我们在工作之余，应该学会放松，学会尽情享受美好人生。由于生活节奏的加快，人们忙忙碌碌为工作、为生活，似乎每天都没有充裕的时间去放松自己。其实只要合理地分配你的时间，也就是说妥善地处理好工作与生活、忙碌与休闲之间的关系，坚持每天抽出一点时间来放松自己，做自己喜欢做的事即可。

第二次世界大战时，丘吉尔有一次和蒙哥马利闲谈。蒙哥马利说："我不喝酒，不抽烟，到晚上十点钟准时睡觉，所以我现在还是百分之百的健康。"丘吉尔却说："我刚巧与你相反，我既抽烟，又喝酒，而且从来都没准时睡过觉，但我现在却是百分之二百的健康。"蒙哥马利感到很吃惊，像丘吉尔这样工作繁忙紧张的政治家，生活如果这样没有规律，哪里会有百分之二百的健康呢？

其实，这其中的秘密就在于丘吉尔能坚持经常放松自己，让心情轻松。即使在战事紧张的周末他还是照样去游泳，在选举战白热化的时候他还照样去垂钓。他刚一下台就去画画。工作再忙，他也不忘在那微皱起的嘴边叼一支雪茄放松心情。

富兰克林·费尔德说过这么一句话："成功与失败的分水岭可以用这么五个字来表达——我没有时间。"当你面对着沉重的工作任务感到精神与心情特别紧张和压抑的时候，不妨抽一点时间出去散心、休息，直至感到心情比较轻松后，再回到工作中来，这时你会发现自己的工作效率特别高。

急救疗法D：每天喝点下午茶

英国人喝下午茶的传统根深蒂固，以至于体力劳动者，如装修工人等，到时也雷打不动地要停下手中活计去悠闲地喝两口。著名歌后麦当娜就曾为装修工人喝下午茶，耽误了她伦敦豪宅的装修而大为光火，成为英国媒体的焦点。

英国人喝下午茶的习惯，可追溯到19世纪维多利亚女王时代。那时的英国贝德芙公爵夫人安娜女士，每到下午就百无聊赖，又感觉肚子有点饿，于是就请女仆准备几片烤面包、奶油和茶，既填饱了肚子，又消磨了时光。后来这种做法逐渐在当时贵族社交圈内成为时尚，英国上流社会的绅士名媛开始盛行喝下午茶。他们最初只是在家中用高级、优雅的茶具来享用茶，后来渐渐演变成招待友人欢聚的社交茶会，进而衍生出各种礼节，至今还在一些高档酒店保留着这种下午茶繁缛的礼节。

下午茶最重要的功能就是让上流社会的人们联络感情、交换情报，说说张家长李家短之类。在英国，茶馆往往是同行们在下午聚会交流信息的地方，所以有时许多通知都贴到茶馆

里，因为那里是相关人士最集中的地方。

其实，喝下午茶，最大的好处是松弛神经，放松心情。听听笑话，说说心事，聊聊家常，一天工作再累，心情也会好些。

测试：看看你是一个容易紧张的人吗

你的"护身符"，你会选择放在哪里来保佑你平安（　　　）

A.挂在手机上

B.放在随身的包包中

C.当成项链挂在脖子上或者手链戴在手上

D.放在内衣里

结果：

A.紧张指数：20%

你是一个神经大条的人，但却容易受人影响，经常跟着周遭的人一起瞎紧张！

B.紧张指数：50%

你这种人是比较好的，不会过于紧张，因为在你看来，任何事情都是有解决办法的，所以你经常会自我调节。

C.紧张指数：80%

你是一个容易紧张的人，一点风吹草动，就会让你胡思乱想起来，要是真的发生大事，很容易往坏处想。但你又很好面子，总是不愿让人知道，而是自己强撑着。

D. 紧张指数：100%

你就一个典型的紧张人，近乎病态的紧张，你经常因为紧张而脸色超级难看，因此你身边的人总能感受到你的紧张。同时，你这种人又是一个急性子，经常一个问题没解决，你又会紧张下一个问题。

皱眉的长发女孩

第十章
空虚：忙碌起来，充实自己

空虚是一种消极的心理情绪，是指一个人没有追求，没有寄托，没有精神支柱，精神世界一片空白。精神空虚所导致的"生命意义缺乏症"，对个人、家庭及社会的危害不容小觑。因此，我们要让自己忙碌起来，充实自己，告别空虚。

关键词

空虚　无聊　没意思　忙碌　充实　找回自信　培养兴趣

生活中的种种空虚感

我们所经历的各种情绪中，以"空虚感"最无以名状且捉摸不定。

一个中学生说："每天，我照常地学习、生活，可总觉得心里好像有点不对劲，似乎我不知道为什么学习、为什么生活，常常有一种很空虚的感觉……看看其他同学，学，学得有劲；玩，玩得潇洒。可我却学也学不踏实，玩也玩不痛快，感觉什么都无聊，什么都没意思。这种情绪让我整天百无聊赖，心绪懒散，寂寞惆怅却又不知该怎样解脱。怎么别人就能过得那么充实而我自己就那么空虚呢？"

时下，人们在交往时常会听到："算了，就这样，没啥干头了！""干什么都不顺心，就这么混吧，还能做什么呢？""唉，人老了，不中用了，脑子空空一片"等话语。这是一种空虚的表现。空虚感就像是心里面的黑洞，具有超强莫大的吸力，一旦被卷进了黑洞，整个人也就被空虚感所缚。

君不见在现实生活中，许多人精明能干，下海经商，开公司办企业，成了腰缠万贯的大款，人人羡慕。然而，他们赚了钱有了名之后，有些人却沉溺于灯红酒绿之中，醉生梦死；有些人被"白色幽灵"所俘虏染上了毒瘾。有人说这是愚昧。其实，他们谁也不愚昧，有谁见过愚昧无知者能挣大钱干出业绩来？他们何尝不知道寻花问柳、吸毒会导致病魔缠身，最终落个身败名裂的可悲下场呢？凡此皆为精神空虚使然，从而迷失了自我。

空虚产生的原因

随着社会的进步，我们已步入一个价值多元化的时代，也是最易让人们感受生存挫折的时代。在物质文明高速发展的今天，精神文明的发展有时却显得苍白无力，致使不少人特别是中老年人感到精神空虚，活着无意义，陷入心灵沼泽而无法摆脱。

这种生活意义的迷失和价值观上的功利主义，便会使人感到生存受到挫折，觉得活着没意思，心灵空虚精神苦闷，这便是"生命意义缺乏症"，心理治疗学上称为"精神神经症"。其病因不是情绪方面，而是精神方面出了偏差，人性方面出了问题。

空虚的心理，可来自以下方面：

1. 对自我缺乏正确的认识
对自己能力过低的估计，终至整天忧郁，思想空虚。

2. 因自身能力和实际处境不同步

陷入"志大才疏"或"虎落平川"的窘境中，常常感到无奈、沮丧、空虚。

对社会现实和人生价值存在错误的认识 以偏概全地评价某一社会现象或事物，当社会责任与个人利益发生冲突时，过分讲求个人的得失，一旦个人要求得不到满足，就心怀不满，"万念俱灰"。

3. 外界环境突变

因退休、下岗、失恋、工作挫折、投资失误、经济拮据等导致失落困惑感。

4. 功利主义价值观

功利主义价值观对人的精神是种极大的腐蚀剂，是导致生

空虚的女人

命意义缺乏症的重要原因。

经历了人生坎坷、过了大半辈子的中老年人，之所以发生迷失自我的现象，是功利主义价值观在作怪。他们面对人生的秋天，许多人尤其是患有不同疾病的老人，产生悲秋的心理，精神上被空虚和死亡的恐惧所困扰，认为"人生一世，草木一秋"。成也好败也罢，谁都难免去火葬场化为一缕青烟。正是由于精神生活的空虚，便想方设法去寻找一种精神安慰剂，相信一种功利主义的人生观的人，极易误把延长生命当作唯一的生命意义。因为他们害怕死亡，尤其害怕死亡之后的无意义。

5. 幸福感缺乏

有不少人拥有常人无法比拟的物质享受，却不觉得有什么幸福，也不感到它有什么价值。于是便去寻找其他东西，想来弥补空虚的心灵，例如去吸毒，让毒品来麻醉自己，过那种"飘飘欲仙"的虚幻生活，明知会毁了自己也不在乎。

空虚的人的表现

空虚的人，一般没有什么信仰，也没有什么精神寄托，这样的人没有办法自己决定事情，他们总是否定一切，认为自己这也不行，那也不行，工作和生活没有任何激情。

空虚是一种消极情绪，这是它最重要的一个特点。被空虚所乘机侵袭的人，无一例外地是那些对理想和前途失去信心，对生命的意义没有正确认识的人。他们或是消极失望，以冷漠的态度对待生活，或是毫无朝气，遇人遇事便摇头。为了摆脱空虚，他们或抽烟喝酒，打架斗殴，或无目的地游荡、闲逛，耽于某种游戏，之后却仍是一片茫然，无谓地消磨了大好时光。

急救疗法A：五种方法让你告别空虚

空虚带给人的，只有百害而无一利。有人说，一个人的躯体好比一辆汽车，你自己便是这辆汽车的驾驶员，如果你整天无所事事，空虚无聊，没有理想，没有追求，那么，你就会根本不知道驾驶的方向，就不知道这辆车要驶向何方，这辆车也就必定会出故障，会熄火的，这将是一件可悲的事情。因此，对待心灵空虚必须给予心理治疗。

1. 面对空虚，最重要的是要有理想

俗话说"治病先治本"。因为空虚的产生主要源于对理想、信仰及追求的迷失，所以树立崇高的理想、建立明确的人生目标就成为消除空虚的最有力的武器。当然，这个过程并不是一蹴而就的，但当你坚定地向着自己的人生目标努力前进

时，空虚就会悄悄地离你而去。

2. 面对空虚，还要培养对生活的热情

我们常说，生活是美好的，就看你以怎样的态度去对待它。一样的蓝天白云，一样的高山大海，你可以积极地去从中感受到大自然的美丽，或者认认真真地学点本领，帮他人做点好事，也能对自己的成功颇感得意，从他人的感谢中得到欢愉。当你用有意义的事去培养对生活的热情，去填补生活中的空白时，你哪还有心情和闲暇空虚呢？

3. 面对空虚，还要积极提高自己的心理素质

有时候，人们生活在同一环境中，但由于心理素质不同，有人遇到一点挫折便偃旗息鼓而轻易为空虚所困扰，有人却能面对困难毫不畏缩而始终愉快充实。因此，有意识地加强自我心理素质的训练，就能够将空虚及时地消灭在萌芽状态而不给它以进一步侵袭的机会。无论在什么地方，做什么事情，遇到什么问题，都应该沉着冷静，保持良好的心态，实事求是地应对一切。人老了，退休了，还可奉献余热；下岗了，再求职，作为人生拼搏的第二起点；工作受到挫折，投资失败了，要吸取教训，总结经验，审时度势，东山再起，将其视为成功的"奠基石"。总之，不要灰心，不要气馁，充实自我，战胜空虚，就一定能迎来精神和事业上的光明。

4. 要对抗空虚就要看清空虚的本质——就是不存在

这时如能转移注意力做些"实质"性的活动，如逛街就认

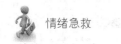

真挑选衣物，聚会时就专心与人谈话，都可有效驱走空虚感。

5. 认清自己，脚踏实地

常感到空虚的人，很可能是活得不踏实。有些人在生活中怀有不切实际的期望或目标，自己总是在生活中追寻些什么，而没有落实到生活本身，如此不免常虚幻不实。要挥别空虚感就要建立"务实不务虚"的生活态度，能"活在当下"的人，心中是不会有这么一个黑洞的。

急救疗法B：点燃激情，全力以赴投入工作

一个人，当他全身地投入到自己的工作之中，并取得成绩时，他将是快乐而放松的。但是，如果情况相反的话，他的生活则平淡无奇，且有可能不得安宁，往往会很空虚。

一个对工作高度负责的人，无论在什么地方工作，他都会认为自己所从事的工作是一项神圣的职业；无论工作中会遇到什么样的困难，或是标准要求多么严格，他都会始终如一、尽职尽责地去完成它。

有激情就能够使自己受到鼓舞，鼓舞又为激情提供了充足的能量。只有当你赋予你的工作以崇高的责任感和使命感的时候，激情才会应时而生。即使你的工作不那么充满乐趣，但只要你善于从中寻找和发现乐趣，也就有了激情。

当一个人对自己的工作充满激情的时候，他便会全力以赴。这时候，他的自发性、创造性、专注精神等便会在工作的过程中表现出来。

雅丝·兰黛是许多年来《财富》与《福布斯》杂志等富商榜上的传奇人物。这位享有当代"化妆品工业皇后"的女强人白手起家，凭着自己的杰出才能和对工作、事业的高度热情，成为世界著名的市场推销专才。由她发起创办的雅丝·兰黛化妆品公司，创造性地实行卖化妆品赠礼品的推销方式，使公司在众多竞争对手中一枝独秀，远远走在了同行的前列。她之所以能创造出如此辉煌的事业，主要是靠自己对待工作和事业的激情和责任。在80岁前，她每天都能斗志昂扬、精神饱满地工

空虚无聊的男人

作十多个小时，她对待工作的态度和强烈的责任感实在令人佩服。晚年的兰黛名义上已经退休了，而实际上，她照样会每天穿着名贵的服装，不知疲倦地周旋于名门贵户之间，替自己的公司做无形的宣传。

和兰黛敬业的态度相比，仍有许多人对自己的工作一直未产生足够的激情与兴趣，主要的问题可能就出在他忽视了自己对于这份工作应当负担什么样的责任。

能拥有工作是幸福的。美国汽车大王亨利·福特曾说，工作是你可以依靠的东西，是个可以终身信赖且永远不会背弃你的朋友。正是基于此，我们才可以说对工作责无旁贷。

由热爱工作，到对工作产生热情，是一个熟悉并慢慢深入工作的过程。随着工作责任感的日益强烈，热情可以转化为激情。

激情是积极的能量、感情和动机，在很大程度上决定着你的工作结果。这种神奇的力量使他以截然不同的态度对待别人，对待工作。

没有任何一个人愿意与一个整天浑浑噩噩的人打交道，也没有任何一家公司的老总会重用一个在工作中萎靡不振的员工。因为一个员工在工作的过程中产生这样消极的表现，不但会降低自己的工作能力，还会对其他人产生不良的影响。

I.B.M公司一位人力资源部部长曾经这样说，从人力资源的角度而言，我们希望招到的员工都是一些对工作充满激情的人。这种人尽管对行业涉猎不深，年纪也不大，但是，他们一旦投入工作之中，所有工作中的难题也就不能称之为难题了，因为这种激情激发了他们身上的每一个钻研细胞。另外，他们周围的同事也会受到他们的感染，从而产生出对待工作的激情。

身在职场，责任感可以点燃员工的工作激情，使员工在职业道路上走得更远，没有激情，工作如一潭死水，不会有一点诱人的风景。只有点燃激情，全力以赴，才能让我们实现心中美好的梦想。

急救疗法C：给自己树立一个目标

大多数人对于未来都是抱着顺其自然的态度，很少有人会认真地思索，总认为"命里有时终须有，命里无时莫强求"。其实这种看似乐观的想法，换一个角度看完全是一种消极的人生态度。想要坚定地走在人生旅途上，越过那些障碍，你必须有目标。

古人云："有志者，事竟成。"所谓志，就是指一个人为自己确立的"远大志向"，确立的人生目标。人生目标是生活的灯塔，如果失去了它，就会迷失前进的方向。确立人生目标，是一个能让我们以繁忙来代替对现实的不满和抱怨的好方法。目标对于人生正像空气对于生命一样，没有空气，生命就不能够存在，没有目标，等待人生的只有失败与徘徊。

　　如果人生没有目标，就好比陷在黑暗当中，不知道哪里才是方向。人生要有目标，一辈子的目标，一个时期的目标，一个阶段的目标，一个年度的目标，一个月份的目标，一个星期的目标，一天的目标……一个人追求的目标越高越直接，他进步得越快，对社会也就会越有益。有了崇高的目标，再加上矢志不渝地努力，没有什么不能成为现实。

　　如果将心理学家的结论用哲人的语言来表达，那就是，伟大的目标构成伟大的心灵，伟大的目标产生伟大的动力，伟大的目标形成伟大的人物。

　　一次，考克斯和约翰一起进行了一次凌晨穿越伦吉提大平原的飞行。景色非常优美，他们能看见大象、狮子和大群羚羊席卷穿过整个平原。

　　"羚羊的数量这么大，真是一件好事啊！"他们的非洲导游注意到他们正盯着那一大群羚羊沉吟时说道，"否则，这个种群很快就会灭绝。"

　　考克斯问他为什么这么说，他笑了，然后指着一头停止奔跑的羚羊说："你将会注意到那头羚羊跑不了多远了。它停下来不是因为意识到有什么重要的事情需要思考，也不是因为它累了，是因它太愚蠢以至于忘记了当初它为什么要奔跑。它发现了天敌，本能地逃开，开始向相反的方向跑。但是它忘记了是什么促使它奔跑，甚至有时候是在最不适当的时候停下来。我曾经看见它就停在天敌旁边，有时甚至向某个天敌走过去，似乎它已经忘记了这是否就是同一种在几分钟以前让自己惊慌失措的动物。它就差冲上去说：'嘿！狮子先生，你饿了吗？在找午餐吗？'如果不是有一大群羚羊的话，我想这整个种群将在几个星期之内被消灭干净。"

当时，考克斯在热气球上很容易去嘲笑那些羚羊，而在这次飞行结束以前，他发现自己有了一个很有趣的想法——在现实的商业世界中，他曾经见过同样的问题。

是不是有许多人有规律的举动让你想起那些羚羊呢？他们有不错的主意，他们为自己设立了一个目标，而且为这个目标努力了一天或者仅仅半天。也许他们只是谨慎地四处溜达了40分钟罢了。40分钟以后，他们发现自己并没有达到目标。然后他们就会对自己说："嘿，这太难了。这比我想象的难多了。"接着他们就会永远停在那里一动不动。

为了避免羚羊思维，你必须确定一个目标，然后坚持不懈地向它努力。你不想在路上停下来，而且当你的天敌逼近的时候，当然更不想停下来。当每天结束的时候，你必须好好总结一下，并且问自己："距离我为自己设定的主要目标，今天我又走近了多少？"如果你对这个问题的真实答案是，今天你没有为达到目标做出什么有意义的行动，也就是说今天你停在路上，那么你必须决心从明天开始让自己振作起来。

人们对梦想总是持一种鄙夷或不屑的看法，但实际上每个人，从童年到老年，谁也无法否定梦想的真实。对梦想的追求

要始于足下，认真客观地评价自我，找到真正属于自己的那片天地，描绘一个属于你自己的蓝图。

急救疗法D：培养自己的兴趣

美国前总统富兰克林·罗斯福即使在战争最艰苦的时期，仍然坚持每天抽出一点时间来从事自己的小爱好——集邮。做自己喜欢做的事，可以让他忘记周围的一切烦心事，让心情彻底放松，让大脑重新清醒起来。

小爱好不但可以愉悦身心，放松心情，而且有延年益寿之功。有人做过这样的研究，他们试图找到长寿老人的共同特点。他们研究了食物、运动、观念等多方面因素对健康的影响，结果令人惊讶。长寿老人们在饮食和运动方面几乎没有完全共同的特点，但有一点却是共同的，即他们都有自己的小爱好，并且把这作为自己的人生目标而为之奋斗。这是他们的精神寄托。

所以，无论你对生活多么不满，一定要有人生目标，要有点爱好，有点精神食粮，因为它能让你找到心灵家园，从而使人生更有意义。

兴趣不仅是事业成功的助推剂，也可以让人感到工作的快乐，减轻疲惫感。

"压力之父"塞叶博士曾经说，尽管他每天从早晨五点工作到深夜，但他认为自己这辈子从未做过一件工作，自己整天都在"游玩"。因为对他而言，从事自己喜欢的研究就是游戏。

美国内华达州的一所中学曾经在入学考试时出过这样一道题目：比尔·盖茨的办公桌上有五只带锁的抽屉，里面分别装着财富、兴趣、幸福、荣誉、成功。比尔·盖茨总是只带一把钥匙，而把其他的四把锁在抽屉里。请问他每次只带哪一把钥匙？其他的四把锁在哪一只或哪几只抽屉里面？有一位聪明的同学在美国麦迪逊中学的网页上面看到了比尔·盖茨给该校的回信，信上写着这样一句话："在你最感兴趣的事物上，隐藏着你人生的秘密。"无疑，这便是问题的正确答案。

急救疗法E：肯定自己的价值，找回自信

在一次讨论会上，一位著名的演说家没讲一句开场白，手里却高举着一张二十美元的钞票。面对会议室里的二百多人，他问："谁要这二十美元？"一只只手举了起来。

演说家接着说："我打算把这二十美元送给你们中的一位，但在这之前，请准许我做一件事。"他说着将钞票揉成一

团，然后问："谁还要？"这时，仍有人陆续举起手来。

演说家又说："那么，假如我这样做又会怎么样呢？"他把钞票扔到地上，又踏上一只脚，并且用脚碾它。随后，他拾起钞票，钞票已变得又脏又皱。

"现在谁还要？"演说家接着问。还是有人举起手来。

智慧的演讲家给听众上了一堂很有意义的人生课。无论我们如何对待那张钞票，我们还是想要它，因为它并没有贬值，它依旧值二十美元。

人生路上，我们会无数次地否定自己，我们觉得自己似乎一文不值。但无论发生了什么，或将要发生什么，我们永远不会丧失价值，我们依然是无价之宝。

爱迪生说："如果我们能做出所有我们能做的事情，我们毫无疑问地会使自己大吃一惊。"你一生中有没有为自己的潜能大吃一惊过？事实上，人通常比自己认为的要好得多，只不过大多数人都有自卑的想法，不相信自己，从而扼杀了自己的潜能。因此，对你的能力要抱着肯定的想法，这样就能发挥出心智的力量，并且会产生有效的行动。告诉世界：你能行！你能做得比别人好！

生活中，自卑情绪人皆有之。实质上，一个人并非在每个方面都能出类拔萃，因为天外有天，人外有人。所以，在某些时候的某些方面有不如意的感觉，出现自卑也是正常的，大可不必以此为耻而自暴自弃，更犯不着用狂妄自大、目中无人去掩饰。那只是自欺欺人。

所以，我们要战胜自卑，学会正确地认识自我。

1. 要正确地评价自己

人贵有自知之明。所谓"自知之明"，就是不仅能如实地看到自己的短处，也能恰如其分地看到自己的长处，切不可因自己的某些不如别人之处而看不到自己的如人之处和过人之处。马克思曾说过，伟人之所以高不可攀，是因为你自己跪着。

2. 要正确地表现自己

心理学家建议：有自卑心理的人，不妨多做一些力所能及、把握较大的事情。这些事情即使很"小"，也不要放弃争取成功的机会。任何成功都能增强自己的自信，任何大的成功都蕴藉于小的成功之中。换言之，要通过在小的成功中表现自己，确立自信心，循序渐进地克服自卑心理。

3. 设法正确地补偿自己

盲人尤聪，聋者尤明。这是生理上的补偿。人的心理也同样具有补偿能力。为了克服自卑心理，可以采用两种积极的补偿：其一是勤能补拙。知道自己在某些方面有缺陷，不背思想包袱，以最大的决心和最顽强的毅力去克服这些缺陷，这是积极的、有效的补偿。华罗庚说："勤能补拙是良训，一分辛苦一分才。"其二是扬长避短，"失之东隅，收之桑榆"。

总之，自卑并不可怕，可怕的是沉浸在自卑当中而丧失了追求成功的勇气。

测试：你经常空虚吗

你对目前的生活满足吗？你的精神生活充实吗？请坦率回答，是或者否。

1. 不大和友人交往。2. 没有什么特殊爱好。3. 不大喜欢单位（学校）的领导（老师）和同事（同学）。4. 经常与其他家庭成员发生口角。5. 吃饭时不感到愉悦。6. 对工作（学习）感觉很痛苦。7. 常常一有钱便购买想要的东西。8. 对将来并不怎么乐观。9. 觉得无论干什么都不值得高兴。10. 不大希望受到别人重视。11. 经常埋怨单位（学校）离家太远。12. 虽然生活不错，却不大快活。13. 常常因零钱少而感到不满。14. 常常想改变目前的工作单位（学校）。15. 认为各方面有很多不如意的地方。

结果：

"否"计1分。积分0—2、3—5、6—9、10—13、14—15，则空虚度为高、较高、一般、较低、低。

6—9分以下，生活充实度不够，比较空虚。对生活和工作

多有不满，难以感觉到生活的乐趣。但因态度坦诚，从而表明
这种人具有改变生活、工作现状的愿望。有这种愿望还应认真
分析不满的原因，并应积极想办法加以解决。

6—9分以上，对生活工作现状满意，精神上较充实，往往
生活态度乐观，充满热情。但如果答题时不够诚实，则说明对
生活、工作中的种种不满被隐瞒了起来，也许这种人没有改变
这种现状的愿望，因此很难自我改善。